中等职业学校职业技能训练用书

计算机类
职业技能训练习题解析

主　编　刘炎火
参　编　林火焰　林毓馨　苏永忠
　　　　杨景田　郭红霞　杨文生

北京理工大学出版社
BEIJING INSTITUTE OF TECHNOLOGY PRESS

内容提要

本书根据中等职业学校人才培养要求，突出"实践性、实用性、创新性"新形态教材特征，结合编者多年的教学和工程经验，基于工作过程需求，嵌入"一学二练三优化"职教模式精心编写。本书是以党的二十大精神为指导思想，落实立德树人根本任务，以理论够用、实用为主的原则精心编写的中等职业学校计算机类职业技能训练教材。全书共 10 个单元，内容涵盖路由器、交换机基础配置，路由，接入 WAN 技术，Windows Server 安装与基础配置，Windows Server 域安装与部署，Windows Server 常用服务部署，Visual Basic 程序设计基础，Visual Basic 程序设计控件结构，Visual Basic 常用控件及应用，Visual Basic 数组。

本书既可作为职业院校计算机类专业的教材，亦可供网络技术人员参考。

本书配有电子课件、PKA 模拟实训、测试答案，选用本书作为教材的教师可登录北京理工大学出版社教育服务网（edu.bitpress.com.cn）免费注册后下载。

版权专有　侵权必究

图书在版编目（CIP）数据

计算机类职业技能训练习题解析 / 刘炎火主编 . --
北京：北京理工大学出版社，2023.8
　　ISBN 978-7-5763-2780-9

Ⅰ . ①计… Ⅱ . ①刘… Ⅲ . ①电子计算机—中等专业学校—教材　Ⅳ . ① TP3

中国国家版本馆 CIP 数据核字（2023）第 159034 号

出版发行 / 北京理工大学出版社有限责任公司	
社　　址 / 北京市丰台区四合庄路 6 号院	
邮　　编 / 100070	
电　　话 /（010）68914775（总编室）	
（010）82562903（教材售后服务热线）	
（010）68944723（其他图书服务热线）	
网　　址 / http: //www.bitpress.com.cn	
经　　销 / 全国各地新华书店	
印　　刷 / 定州市新华印刷有限公司	
开　　本 / 787 毫米 ×1092 毫米　1/16	
印　　张 / 19.5	责任编辑 / 钟　博
字　　数 / 425 千字	文案编辑 / 钟　博
版　　次 / 2023 年 8 月第 1 版　2023 年 8 月第 1 次印刷	责任校对 / 刘亚男
定　　价 / 55.00 元	责任印制 / 李志强

图书出现印装质量问题，请拨打售后服务热线，本社负责调换

前言
PREFACE

本书以党的二十大精神为指导思想，立足"两个大局"和第二个百年奋斗目标，锚定社会主义现代化强国建设目标任务，坚持质量为先，以及目标导向、问题导向、效果导向的原则，落实《国家职业教育改革实施方案》《中华人民共和国职业教育法》《关于推动现代职业教育高质量发展的意见》等的精神要求，依照《专业教学标准》等国家标准，遵循操作性、适用性、适应性原则精心编写组织。本书坚持以立德树人为根本任务，秉持"为党育人，为国育才"的理念，以学生为中心，以工作任务为载体，以职业能力培养为目标，通过典型工作任务分析，构建新型理实一体化课程体系。本书按照工作过程和学习者的认知规律设计教学单元、安排教学活动，实现理论与实践统一、专业学习和工作实践学做合一、能力培养与岗位要求对接合一。本书引用贴近学生生活和实际职业场景的实践任务，采用"一学二练三优化"职教教学新范式，使学生在实践中积累知识、经验和提升技能，达成课程目标，增强现代网络安全意识，拓展开发网络思维，提高应用网络能力、数字化学习与创新能力，树立正确的社会主义价值观，培养符合时代要求的信息素养以及适应职业发展需要的信息能力。

本书共有10个单元，内容涵盖路由器、交换机基础配置，路由，接入WAN技术，Windows Server 安装与基础配置，Windows Server 域安装与部署，Windows Server 常用服务部署，Visual Basic 程序设计基础，Visual Basic 程序设计控件结构，Visual Basic 常用控件及应用，Visual Basic 数组。

PREFACE

本书由刘炎火担任主编，参加编写的还有林火焰、林毓馨、苏永忠、杨景田、郭红霞、杨文生。其中，刘炎火编写单元1、单元3、单元4和单元10，林火焰编写单元2，林毓馨编写单元5，苏永忠编写单元6，杨景田编写单元7，杨文生编写单元8，郭红霞编写单元9。刘炎火负责全书的设计，内容的修改、审定，统稿和完善等工作。全书由刘炎火负责最终审核。

由于编者水平有限，书中的不足之处在所难免，敬请专家和读者批评指正。

编　者

CONTENTS

单元 1　路由器、交换机基础配置　　1

　　1.1　网络设备基础配置　　2
　　1.2　以太网交换机的 VLAN 配置　　8
　　1.3　以太网交换机的常用技术　　14
　　1.4　VLAN 间通信配置　　20
　　1.5　单元测试　　26

单元 2　路由　　39

　　2.1　静态路由　　40
　　2.2　RIP 路由协议　　45
　　2.3　OSPF 路由协议　　49
　　2.4　单元测试　　55

单元 3　接入 WAN 技术　　67

　　3.1　点到点协议　　68
　　3.2　IP 访问控制列表技术　　74

3.3 扩展 IP 地址空间　　　　　　　　　　　80
3.4 单元测试　　　　　　　　　　　　　　85

单元 4　Windows Server 安装与基础配置　　　99

4.1 Windows Server 2008 R2 安装　　　　　100
4.2 Windows Server 常用 Shell 命令入门　　106
4.3 单元测试　　　　　　　　　　　　　　113

单元 5　Windows Server 域安装与部署　　　123

5.1 Windows Server 域服务　　　　　　　　124
5.2 创建与管理域用户、域组账户和组织单位　　130
5.3 单元测试　　　　　　　　　　　　　　135

单元 6　Windows Server 常用服务部署　　　143

6.1 DNS 服务器安装与部署　　　　　　　　144
6.2 DHCP 服务器安装与部署　　　　　　　148
6.3 Web、FTP 服务器安装与部署　　　　　158
6.4 单元测试　　　　　　　　　　　　　　165

单元 7　Visual Basic 程序设计基础　　　　　173

7.1 Visual Basic 集成环境及窗口应用　　　　174
7.2 Visual Basic 相关概念　　　　　　　　　176
7.3 Visual Basic 数据类型及运算符　　　　　180
7.4 Visual Basic 常量、变量、表达式的定义及应用　　184
7.5 Visual Basic 常用内部函数的应用　　　　187

7.6　Visual Basic 数据输入与输出　　191
7.7　单元测试　　194

单元 8　Visual Basic 程序设计控件结构　　201

8.1　顺序结构程序设计　　202
8.2　选择结构程序设计　　208
8.3　循环结构程序设计　　217
8.4　单元测试　　225

单元 9　Visual Basic 常用控件及应用　　237

9.1　标签、文本框和命令按钮控件及应用　　238
9.2　单选按钮、复选框和框架控件及应用　　244
9.3　计时器和滚动条控件及应用　　247
9.4　列表框和组合框控件及应用　　252
9.5　图片框和图像框控件及应用　　258
9.6　菜单设计及应用　　261
9.7　单元测试　　263

单元 10　Visual Basic 数组　　277

10.1　一维数组　　278
10.2　二维数组　　284
10.3　控件数组　　289
10.4　单元测试　　295

参考文献　　303

单元 1

路由器、交换机基础配置

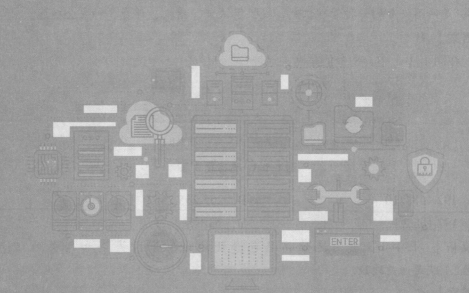

1.1 网络设备基础配置

知识测评

一、选择题

1. 在用户特权（使能）配置模式下，下列哪项是可以成功实现的功能？（　　）

   A．测试连通性　　　　　　　　B．修改设备名称

   C．配置特权密码　　　　　　　D．配置 IP 地址

   【解析】 修改设备名称、配置特权密码都是在全局配置模式下完成的；配置 IP 地址在接口模式下完成；查看信息、测试连通性在特权配置模式下完成。

   【答案】 A

2. 下列选项中，哪项不是 AAA 安全功能？（　　）

   A．Authentication　　　　　　B．Authorization

   C．Accounting　　　　　　　　D．Allow

   【解析】 AAA 是 Authentication（认证）、Authorization（授权）和 Accounting（计费）的简称，是网络安全的一种管理机制，提供了认证、授权、计费 3 种安全功能。

   【答案】 D

3. 在图 1-1-1 中，哪个值是网关地址？（　　）

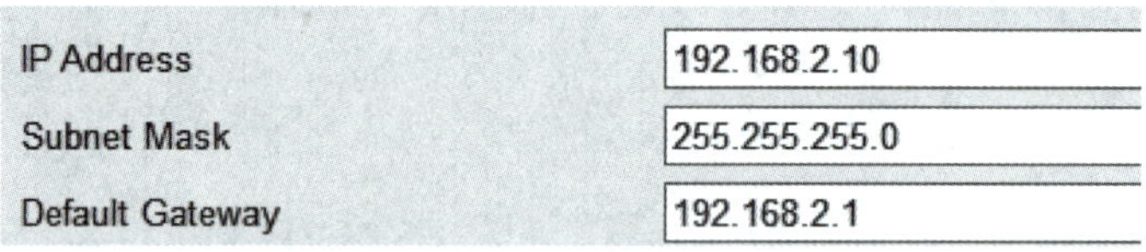

IP Address	192.168.2.10
Subnet Mask	255.255.255.0
Default Gateway	192.168.2.1

   图 1-1-1　选择题 3.图

   A．192.168.2.10　　　　　　　B．255.255.255.0

   C．192.168.2.1　　　　　　　　D．都不是

   【解析】 图 1-1-1 中的地址信息包含 IP 地址、子网掩码和网关地址，其中 192.168.2.1 就是网关地址。

   【答案】 C

4. 下列在路由器全局模式下配置的指令，哪种可以设置使能加密口令？（　　）

   A．enable password　　　　　　B．enable secret

C. aaa new-model　　　　　D. configure terminal

【解析】 enable password 配置使能文明口令，enable secret 配置使能加密口令，aaa new-model 配置启动 AAA 认证，configure terminal 配置从特权模式进入全局模式。

【答案】 B

5．下列配置代码表达了哪个选项的内容？（　　）

aaa authentication ppp default group radius local

A. 在 PPP 链路的验证中，可以使用 RADIUS 和 Local 用户。
B. 在 PPP 链路的验证中，只能使用 RADIUS 用户
C. 在 PPP 链路的验证中，只能使用 Local 用户
D. 在 PPP 链路的验证中，不可以使用 RADIUS 和 Local 用户。

【解析】 RADIUS 服务器支持多种方法认证用户，如基于 PPP 的 PAP、CHAP 等。aaa authentication ppp default group radius local 是针对 PPP 用户设置的认证方式，可以是 RADIUS 或 Local。

【答案】 A

二、填空题

1．路由器寻址、转发依靠的是_____，交换机的过滤、转发依靠的是_____。

【解析】 路由器和交换机由于从事的业务不同，所以存在一定的差异，主要体现在以下 5 点。

（1）路由器寻址、转发依靠的是 IP 地址，交换机的过滤、转发依靠的是 MAC 地址。

（2）交换机用于连接局域网，数据包在局域网内网的数据转发；路由器用于连接局域网和外网，数据包可以在不同局域网转发。

（3）交换机工作于 TCP/IP 的数据链路层，路由器工作于网络层。

（4）交换机负责具体的数据包传输，路由器不负责数据包的实际传输，路由器只封装好要传输的数据包，然后转发到下一个节点。

（5）路由器提供了防火墙服务，交换机不能提供该服务。

【答案】 IP 地址，MAC 地址

2．交换机工作于 TCP/IP 的_____，路由器工作于_____。

【解析】 略。

【答案】 数据链路层，网络层

3．使网络设备从特权模式退到用户模式，除了使用 exit 命令以外，还可以使用_____命令。

【解析】 切换过程如图 1-1-2 所示。

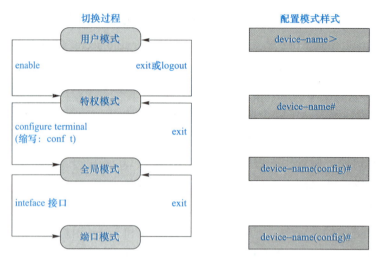

图 1-1-2 切换过程

【答案】 logout

三、判断题

1. RADIUS 使用 TCP 作为传输协议，具有很高的可靠性。　　　　　　　　　（　　）

【解析】 在实践中，人们最常使用远程访问拨号用户服务（RADIUS）来实现 AAA。RADIUS 是分布式、C/S 架构的信息交互协议，它基于 UDP，其中 1812 为认证端口，1813 为计费端口。

【答案】 错误

2. RADIUS 服务器支持多种方法认证用户。　　　　　　　　　　　　　　　（　　）

【解析】 AAA 是一种管理框架，可以用多种协议来实现。在实践中，人们最常使用远程访问拨号用户服务（RADIUS）来实现 AAA。RADIUS 是分布式、C/S 架构的信息交互协议，它基于 UDP，其中 1812 为认证端口，1813 为计费端口。RADIUS 最早用于拨号接入，后来用于以太网接入、ADSL 接入。RADIUS 客户端和服务器端交互机制主要有 3 个特点。

（1）RADIUS 客户端和服务器端之间认证消息的交互通过共享密钥保证安全，用户密码在网络上加密传输。

（2）RADIUS 服务器支持多种方法认证用户，如基于 PPP 的 PAP、CHAP 等。

（3）RADIUS 服务器可以为其他类型认证服务器提供代理。

【答案】 正确

3. service password-encryption 可以对加密口令再进行加密。　　　　　　　　（　　）

【解析】 网络设备全局加密（service password-encryption）能一次性加密设备中所有以明文形式存在的密码。

【答案】 错误

4. 当下的路由器只能工作在 TCP/IP 网络环境中。   （   ）

【解析】 路由器可以分析各种不同类型网络传来的数据包的目的地址，把非 TCP/IP 网络的地址转换成 TCP/IP 网络的地址，反之亦然。地址转换完成之后，通过合适的路由算法把各数据包按最佳路线传送到指定位置，因此路由器可以把非 TCP/IP 网络连接到 Internet。

【答案】 错误

四、简答题

简述 RADIUS 的工作原理。

【解析】 RADIUS 的工作原理如图 1-1-3 所示。

图 1-1-3　RADIUS 的工作原理

（1）用户输入用户名和密码。

（2）RADIUS 客户端根据获取的用户名和密码，向 RADIUS 服务器端发送认证请求包（access-request）。

（3）RADIUS 服务器端将该用户信息与 users 数据库信息进行对比分析，如果认证成功，则将用户的权限信息以认证响应包（access-accept）的形式发送给 RADIUS 客户端；如果认证失败，则返回 access-reject 认证响应包。

（4）RADIUS 客户端根据接收到的认证结果接入/拒绝用户。

（5）如果可以接入用户，则 RADIUS 客户端向 RADIUS 服务器端发送计费开始请求包（accounting-request），status-type 取值为 start。

（6）RADIUS 服务器端返回计费开始响应包（accounting-response）。

（7）RADIUS 客户端向 RADIUS 服务器端发送计费停止请求包（accounting-request），status-type 取值为 stop。

（8）RADIUS 服务器端返回计费结束响应包（accounting-response）。

五、操作题

对基于图 1-1-4 所示拓扑结构和表 1-1-1 与表 1-1-2 所示设备信息的网络，完成以下要求的配置。

（1）根据设备配置信息修改路由器、PC 配置，实现 AAA 配置要求。
（2）使能加密口令为 123456。
（3）控制台口设置为免密。
（4）测试 PC1 远程登录 AAA 客户端 R1。

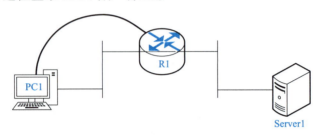

图 1-1-4 AAA 配置纠错

【设备信息】

表 1-1-1 设备接口连接

设备名称	端口	设备名称	端口
R1	Fa0/0	S1	Fa0/1
R1	Fa0/1	S2	Fa0/1
S1	Fa0/2	PC1	Fa0
S2	Fa0/2	Server1	Fa0

表 1-1-2 设备接口地址

设备名称	端口	IP 地址	网关地址
R1	Fa0/0	192.168.1.1/24	—
R1	Fa0/1	192.168.2.1/24	—
PC1	NIC	192.168.1.10/24	192.168.1.1
Server1	NIC	192.168.2.10/24	192.168.2.1

【解析】

STEP 1：路由器 R1 通过 Console 端口配置。

```
no enable password
enable secret 123456
no radius-server host 192.168.2.10 auth-port 1645 key Radius-PW
```

```
radius-server host 192.168.2.10 auth-port 1812 key Radius-PW
```
STEP 2: 为 PC1 添加网关地址 192.168.1.1，然后测试 Telnet。
```
C:\>telnet 192.168.1.1
Trying 192.168.1.1 ...Open
Username: Login-User
Password:
R1>ena
R1>enable
Password:
R1#
```

1.2 以太网交换机的 VLAN 配置

知识测评

一、选择题

1. 下列选项中，哪项不是以太网交换机的工作内容？（　　）

A．泛洪　　　　　　　　　　B．过滤

C．选择性转发　　　　　　　D．路由选择

【解析】 以太网交换机是二层设备，可以隔离冲突域。以太网交换机的基本操作主要有5种。

（1）获取（学习）：当以太网交换机从某个接口收到数据帧时，以太网交换机会读取帧的源 MAC 地址，并在 MAC 表中填入 MAC 地址及其对应的端口。

（2）过期：获取的 MAC 表条目具有时间戳，时间戳的作用是从 MAC 表中删除旧条目。

（3）泛洪：如果目的 MAC 地址不在 MAC 表中，以太网交换机会将数据帧发送到除接收端口以外的所有其他端口。

（4）选择性转发：如果目的 MAC 地址在 MAC 表中，以太网交换机会将数据帧转发到相应的端口。

（5）过滤：以太网交换机根据安全设置，对拒绝的数据帧或损坏的数据帧不进行转发，这个过程称为过滤。

【答案】 D

2. 在以太网交换机中，下列哪项关于 VLAN 的描述是错误的？（　　）

A．VLAN 的作用是减少冲突　　　　B．VLAN 可以提高网络安全水平

C．一个 VLAN 上可以有一个生成树　D．Trunk 不属于任何 VLAN

【解析】 利用 VLAN 技术对企业内部网络进行划分，极大地提高了网络安全水平，有效地控制广播风暴对整个网络的影响，同时能避免 ARP 等病毒危害整个网络，减少重要系统受病毒影响的可能性。VLAN（Virtual Local Area Network）即虚拟局域网，是将一个物理的 LAN 在逻辑上划分成多个广播域的通信技术。每个 VLAN 都是一个广播域，VLAN 内的主机间通信就和在一个 LAN 内一样，而 VLAN 间则不能直接互通，这样，广播报文就被限制在一个 VLAN 内。Trunk 不属于任何 VLAN，它是一条公有链路，作用是

用来在单条链路上承载不同的 VLAN 流量，让其通过。

【答案】 A

3. 在以太网交换机中，下列选项中哪个是查看 VLAN 信息的命令？（ ）

  A．showinterface 　　　　　　　B．showinterfacevlan
  C．show vlan 　　　　　　　　　D．show vlan name

【解析】 查看 VLAN 数据库、VLAN 信息和所属端口的命令是 show vlan

【答案】 C

4. 在以太网交换机中，下列哪项命令在端口安全配置模式下可以实现设置动态学习 MAC 表的老化时间为 10min？（ ）

  A．switchport port-security maximum 600
  B．switchport port-security maximum 10
  C．switchport port-security aging time 600
  D．switchport port-security aging time 10

【解析】 switchport port-security aging time 50 表示针对动态学习到的 MAC 表构成的安全地址有效时间为 50min，这是一个绝对时间，配置完成后开始倒计时，无论该 MAC 表是否依然活跃，都始终进行倒计时。

【答案】 D

5. 在以太网交换机中，STP 通过传递配置消息完成以下哪些工作？（ ）

  A．从网络中的所有网桥中选出一个作为根网桥
  B．在所有非根网桥中选择一个根端口
  C．在所有非根网桥中选择指定端口
  D．在每个网段中选择指定端口

【解析】 略。

【答案】 ABD

二、填空题

1. 以太网交换机最重要的功能就是进行＿＿＿＿，不同的以太网交换机有不同的转发方式。

【解析】 以太网交换机最重要的功能就是进行数据帧转发，不同的以太网交换机有不同的转发方式，主要有 3 种转发方式。

（1）直接转发（cut-through switching）。
（2）存储转发（store-and-forward switching）。
（3）改进型直接转发。

【答案】 数据帧转发

2. 以太网交换机存储转发方式是先＿＿＿＿后＿＿＿＿。

【解析】 存储转发（store-and-forward switching）方式是计算机网络领域应用最为广泛的方式。存储转发顾名思义就是先存储后转发，在转发之前会先进行 CRC（循环冗余码校验）检查，然后根据 MAC 表及转发策略决定转发或丢弃。存储转发的优点是支持不同速率端口进行数据帧转发，并且具有容错能力，其缺点是转发延时比较大。

【答案】 存储，转发

3. 二层以太网交换机是基于收到的数据帧中的_____MAC 地址和_____MAC 地址进行工作的。

【解析】 以太网交换机是局域网中最重要的设备，它是基于 MAC 地址进行工作的网络设备。Cisco（思科）交换机不仅具有网桥功能，还拥有 VLAN 划分、STP 等功能。二层以太网交换机基于收到的数据帧中的源 MAC 地址和目的 MAC 地址进行工作。以太网交换机的作用主要有两个：一个是维护 CAM（Context Address Memory）表，该表是 MAC 地址和以太网交换机端口的映射表；另一个是根据 CAM 表进行数据帧的转发。

【答案】 源，目的

4. 在以太网交换机中，STP 计算的端口开销（port cost）和端口带宽有一定关系，即端口带宽越大，端口开销越_____。

【解析】 以太网交换机的每个端口都有一个端口开销参数，此参数表示该端口在 STP 中的开销值。在默认情况下端口开销和端口带宽有关，端口带宽越大，端口开销越小。从一个非根网桥到达根网桥的路径可能有多条，每一条路径都有一个总的开销值，此开销值是该路径上所有接收 BPDU 端口（即 BPDU 的入方向端口）的端口开销总和，称为路径开销。非根网桥通过对比多条路径的路径开销，选出到达根网桥的最短路径，这条最短路径的路径开销被称为根路径开销（Root Path Cost，RPC），并生成无环树状网络。根网桥的根路径开销是 0。

【答案】 小

三、判断题

1. 以太网交换机是基于 IP 地址进行工作的网络设备。　　　　　　　　　　　（　　）

【解析】 以太网交换机是局域网中最重要的设备，它是基于 MAC 地址进行工作的网络设备。

【答案】 错误

2. 以太网交换机的直接转发方式需要读取完整的数据帧，才能进入转发阶段。（　　）

【解析】 以太网交换机在输入端口检测到一个数据帧时，检查数据帧的帧头，获取数据帧的目的 MAC 地址，根据 MAC 表信息转发数据帧，对数据帧不做缓存处理。直接转发的优点是转发前不需要读取完整的数据帧，因此延时非常小；直接转发的主要缺点是不能提供错误检测能力，并且一般不支持不同速率端口之间的数据转发。

【答案】 错误

3. 以太网交换机具有 VLAN 划分和 STP 的功能。 （ ）

【解析】 以太网交换机是局域网中最重要的设备，它是基于 MAC 地址进行工作的网络设备。思科交换机不仅具有网桥功能，还具有 VLAN 划分、STP 等功能。

【答案】 正确

4. 在一台以太网交换机中，PC1 和 PC2 分别连接端口 Fa0/1 和 F0/2，IP 地址分别为 10.1.1.1/24 和 10.1.1.2/24，无论以太网交换机做任何配置都可以互连互通。 （ ）

【解析】 VLAN 是一组逻辑上的设备和用户，这些设备和用户并不受物理位置的限制，可以根据功能、部门及应用等因素将它们组织起来，它们相互之间的通信就好像它们在同一个网段中一样，由此得名虚拟局域网。由于以太网交换机端口有两种属性，即 VLANID 和 VLANTAG，所以不同的 VLAN 即使在同一个以太网交换机中，也不能相互连通。

【答案】 错误

四、简答题

1. 简述 STP 的主要应用及工作原理。

【解析】 STP 最主要的应用是避免局域网中的单点故障、网络回环，解决成环以太网的"广播风暴"问题，从某种意义上说它是一种网络保护技术。在以太网交换机中，如果到达根网桥有两条或者两条以上路径，STP 会根据算法保留一条，而把其他路径切断，从而保证任意两个以太网交换机之间只有一条单一的活动路径，防止出现环路。

2. 以太网交换机划分 VLAN 的基本任务是什么？

【解析】（1）基于安全性的考虑。在规模较大的网络系统内，各网络节点的数据需要相对保密，譬如在公司的网络中，财务部门的数据不应该被其他部门的人员采集到。可以通过划分 VLAN 进行部门隔离，不同的部门采用不同的 VLAN，从而实现一定的安全性。

（2）基于网络性能的考虑。大型网络中有大量的广播信息，如果不加以控制，会使网络性能急剧下降，甚至产生广播风暴，使网络阻塞。因此，需要采用 VLAN 将网络分割成多个广播域，从而降低整个网络的广播流量，提高网络性能。

（3）基于网络结构的考虑。同一部门的人员分布在不同的地域。若需要共享数据，则可以跨地域（跨以太网交换机）将其设置在同一个 VLAN 中。

（4）设置灵活。在以往的网络设计中，使用不同的以太网交换机连接不同的局域子网络，当终端需要在不同的子网之间调整时，每个以太网交换机的端口都有备份的设计，如果采用 VLAN，则可以使用以太网交换机的设置以及以太网交换机之间的配置，既节省投资又能灵活实现需求。

五、操作题

基于图 1-2-1 所示拓扑结构和表 1-2-1 所示设备信息的网络，完成以下要求的配置。

（1）要求强制配置：S1 是 VLAN10 的根网桥，S2 是 VLAN20 的根网桥，S3 是

VLAN30 的根网桥。

（2）查看配置内容，纠正错误，实现配置要求。

（3）查看生成树的信息。

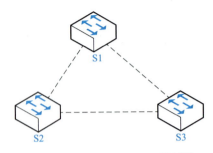

图 1-2-1　交换机 STP 配置纠错

【设备信息】

表 1-2-1　设备端口连接

设备名称	端口	设备名称	端口
S1	Fa0/1	S2	Fa0/1
S1	Fa0/2	S3	Fa0/2
S2	Fa0/3	S3	Fa0/3

【解析】

STEP 1： 以太网交换机 S1 纠错配置。

```
no spanning-tree vlan 20,30 root
```

STEP 2： 以太网交换机 S2 纠错配置。

```
spanning-tree vlan 20 root primary
```

STEP 3： 以太网交换机 S3 纠错配置。

```
spanning-tree vlan 30 root primary
```

STEP 4： 纠错后结果。

```
S1#show spanning-tree vlan 10
    VLAN0010
    Spanning tree enabled protocol ieee
    Root ID Priority 24586
    Address 0005.5E32.CD3D
    This bridge is the root
S2#show spanning-tree vlan 20
    VLAN0020
    Spanning tree enabled protocol ieee
    Root ID Priority 24596
```

```
    Address 0002.4ADD. 93D9
    This bridge is the root
S3#show spanning-tree vlan 30
    VLAN0030
    Spanning tree enabled protocol ieee
    Root ID Priority 24606
    Address 0040.0B47.0D94
    This bridge is the root
```

1.3 以太网交换机的常用技术

知识测评

一、选择题

1. 在 DHCP 作用域中为一台打印机添加一个保留地址，需要用到哪两个元素？（ ）
   A．默认网关 B．IP 地址
   C．MAC 地址 D．打印服务器名称

【解析】 DHCP 服务器提供的 IP 地址保留功能可以将特定 IP 地址与指定网卡的 MAC 地址绑定，从而使该 IP 地址为该网卡专用。

【答案】 BC

2. 当 DHCP 客户端第一次启动或初始化 IP 时，将（ ）消息广播发送给 DHCP 服务器。
   A．DHCP DISCOVER B．DHCP REQUEST
   C．DHCP OFFER D．DHCP ACK

【解析】 DHCP 的工作过程如图 1-3-1 所示。

图 1-3-1　DHCP 的工作过程

【答案】 A

3. DHCP 客户端从 DHCP 服务器端获得租期为 4 天的 IP 地址，现在是第 3 天，该 DHCP 客户端和 DHCP 服务器端之间应互传什么消息？（ ）
   A．DHCP DISCOVER 和 DHCP REQUEST
   B．DHCP DISCOVER 和 DHCP ACK
   C．DHCP REQUEST 和 DHCP ACK
   D．DHCP DISCOVER 和 DHCP OFFER

【解析】 DHCP 服务器端只能将 IP 地址分配给 DHCP 客户端一定时间，DHCP 客户端必须在该次租用过期前对它进行更新。DHCP 客户端在 50% 租借时间过去以后，每隔一段时间就开始请求 DHCP 服务器端更新当前租约。如果 DHCP 服务器端应答，则租用延期；如果 DHCP 服务器端始终没有应答，在有效租借期的 87.5% 时，DHCP 客户端应该与其他 DHCP 服务器端通信，并请求更新它的配置信息。如果 DHCP 客户端不能和所有 DHCP 服务器端取得联系，则在租借时间到后，它必须放弃当前的 IP 地址并重新发送一个 DHCP DISCOVER 报文开始上述 IP 地址获得过程。DHCP 客户端可以主动将当前的 IP 地址释放。

【答案】 C

4．下列不属于 VTP 模式的选项是（　　）。

　　A．Server　　　　　　　　B．Client
　　C．全双工模式　　　　　　D．Transparent

【解析】 VTP 模式有 3 种。

（1）服务器模式（Server）。VTP 服务器控制着它所在域中 VALN 的生成和修改，所有的 VTP 信息都被通告给本域中的其他以太网交换机，而且所有这些 VTP 信息都是被其他以太网交换机同步接收的。

（2）客户端模式（Client）。VTP 客户端不允许管理员创建、修改或删除 VLAN。它们监听本域中其他以太网交换机的 VTP 通告，并相应修改它们的 VTP 配置情况。

（3）透明模式（Transparent）。VTP 透明模式中的以太网交换机不参与 VTP。当以太网交换机处于透明模式时，它不通告其 VLAN 配置信息。它的 VLAN 数据库更新与收到的通告也不保持同步，但它可以创建和删除本地的 VLAN，这些 VLAN 的变更不会传播到其他任何以太网交换机上。

【答案】 C

5．要建立 EtherChannel 时，下面哪 3 个参数必须匹配？（　　）

　　A．中继模式　　　　　　　　B．本征 VLAN
　　C．EtherChannel 模式　　　　D．生成树状态
　　E．允许的 VLAN

【解析】 链路聚合是通过 EtherChannel（以太通道）协议实现的。EtherChannel 的特性是在以太网交换机到以太网交换机、以太网交换机到路由器之间提供冗余的、高速的连接方式，简单地说就是将两个设备间的多条 FE 或 GE 物理链路捆绑在一起组成一条设备间逻辑链路，从而达到增加带宽、提供冗余的目的。构成 EtherChannel 的端口必须配置成相同的特性，如双工模式、速度、FE 或 GE 端口、native VLAN、VLAN range 等。

【答案】 ABE

二、填空题

1. DHCP 的含义是_____。

【解析】 DHCP（Dynamic Host Configuration Protocol）是动态主机配置协议，是 PC 用来获得配置信息的协议。DHCP 容许给某一 PC 赋 IP 地址而不需要管理者在服务器数据中配置有关该计算机的信息。在一个局域网中，若路由有这个功能，那它就会把 PC 的 MAC 地址记住，然后给这个 PC 分配一个 IP 地址，拥有这个 MAC 地址的 PC 以后就用这个 IP 地址上网，其作用就是可以防止外来 PC 上网和避免 IP 地址重复使用造成错误。

【答案】 动态主机配置协议

2. DHCP 服务器的主要作用是为网络客户机分配_____地址。

【解析】 略。

【答案】 IP

3. VTP 的 3 种模式都正常的功能是_____。

【解析】 VTP 的 3 种模式中只有 Server 模式可以创建和删除 VLAN，模式功能见表 1-3-1。

表 1-3-1　VTP 的 3 种模式的功能

模式	能创建、修改、删除 VLAN	能转发 VTP 信息	会根据收到的 VTP 信息更改 VLAN 信息	会保存 VLAN 信息	会影响其他以太网交换机上的 VLAN
Server	√	√	√	√	√
Client	×	√	√	×	√
Transparent	√	√	×	√	×

【答案】 转发 VTP 信息

4. 在配置以太网交换机的 VTP 时，需要将以太网交换机的级联端口配置成_____模式。

【解析】 VTP（VLAN Trunking Protocol，VLAN 中继协议）是一个通告 VLAN 信息的信息系统，是思科专用协议，大多数以太网交换机都支持该协议。VTP 可以维护整个管理域 VLAN 信息的一致性，VTP 仅可以在 Trunk 端口上发送通告。

【答案】 Trunk

三、判断题

1. DHCP 主要有两个用途：给内部网络或网络服务供应商自动分配 IP 地址、作为用户或者内部网络管理员对所有计算机进行中央管理的手段。　　　　　　　　　　（　　）

【解析】 DHCP 是一个局域网的网络协议，使用 UDP 工作，主要有两个用途：给内部网络或网络服务供应商自动分配 IP 地址、作为用户或者内部网络管理员对所有计算机进行中央管理的手段。DHCP 通常被应用在大型的局域网络环境中，其主要作用是集中管理、分配 IP 地址，使网络环境中的主机动态获得 IP 地址、网关地址、DNS 服务器地址等信息，并能够提高 IP 地址的使用率。

【答案】 正确

2．VTP 的 3 种工作模式都可以创建和删除 VLAN。（　　）

【解析】 VTP 的 3 种模式中只有 Server 模式可以创建和删除 VLAN，模式功能见表 1-3-1。

【答案】 错误

3．VTP 通告是低版本向高版本传递。（　　）

【解析】 VTP 通告是否成功取决于 Trunk 链路是否正常建立。如果以太网交换机配置 VTP，则这些以太网交换机必须在相同一个 domain 域里面（一般情况下还要有认证密钥），然后才能同步 VLAN 数据库。在默认情况下 VTP 模式为 Server，网络中可以出现两个 VTP Server。同步 VLAN 数据库时由修订号大的向修订号小的下发，修订号大的要向修订号小的覆盖和同步。

【答案】 错误

4．在 VTP Transparent 模式下可以创建 VLAN。（　　）

【解析】 VTP 的 3 种模式中只有 Server 模式可以创建和删除 VLAN，模式功能见表 1-3-1。

【答案】 正确

5．以太网交换机 S1、S2 之间有两条链路相连，如果将其捆绑在一起，成为一个逻辑聚合链路（Trunk），可以增加带宽，但不提供冗余容错的能力。（　　）

【解析】 EtherChannel 的特性是在以太网交换机到以太网交换机、以太网交换机到路由器之间提供冗余的、高速的连接方式，简单地说就是将两个设备间的多条 FE 或 GE 物理链路捆绑在一起组成一条设备间逻辑链路，从而达到增加带宽、提供冗余的目的。

【答案】 错误

四、简答题

1．简述 DHCP 的功能。

【解析】（1）保证任何 IP 地址在同一时刻只能由一台 DHCP 客户端使用。

（2）可以给用户分配永久固定的 IP 地址。

（3）可以同用其他方法获得 IP 地址的主机共存（如手工配置 IP 地址的主机）。

（4）向现有的 BOOTP 客户端提供服务。

2．列表简述 VTP 的 3 种模式功能。

【解析】 VTP 的 3 种模式功能见表 1-3-1。

五、操作题

基于图 1-3-2 所示拓扑结构和表 1-3-2 与表 1-3-3 所示设备信息的网络，完成以下要求的配置。

（1）在以太网交换机 S1 已经正确配置 DHCP 服务，但是 PC 无法获取 IP 地址。

（2）查看 VTP 配置、端口配置及聚合链路配置，修改配置参数，使 PC 都可以正确获取 IP 地址。

注意：PC10 属于 VLAN10，PC20 属于 VLAN20，PC30 属于 VLAN30；链路聚合模式应该选择强制模式。

（3）查看 PC10、PC20 与 PC30 获得的 IP 地址信息。

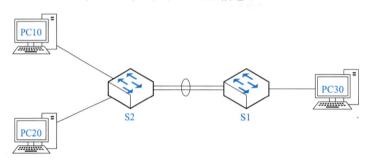

图 1-3-2 以太网交换机常用技术配置纠错

【设备信息】

表 1-3-2 设备端口连接

设备名称	端口	设备名称	端口
S1	G0/1-2	S2	G0/1-2
S1	Fa0/2	PC30	Fa0
S2	Fa0/2	PC10	Fa0
S2	Fa0/3	PC20	Fa0

表 1-3-3 设备地址

设备名称	端口	IP 地址	网关地址
S1	VLAN10	192.168.10.1/24	—
S1	VLAN20	192.168.20.1/24	—
S1	VLAN30	192.168.30.1/24	—

【解析】

STEP 1： 以太网交换机 S1 配置纠错。

```
vtp version 2
interface range gigabitEthernet 0/1-2
```

```
        no channel-group 6 mode active
        channel-group 6 mode on
   interface fastEthernet 0/2
        switchport access vlan 30
```
STEP 2: 以太网交换机 S2 配置纠错。
```
   interface FastEthernet0/2
        switchport access vlan 10
   interface FastEthernet0/3
        switchport access vlan 20
```
STEP 3: 查看 PC 是否正确获取 IP 地址。

1.4 VLAN 间通信配置

知识测评

一、选择题

1. 在三层以太网交换机中，下列哪个命令将端口配置为三层模式？（ ）
   A．no switchport
   B．ip routing
   C．ip address
   D．no shutdown

   【解析】 将三层以太网交换机端口配置为三层模式的命令是 no switchport。
   【答案】 A

2. 一个不带 Tag 标记的数据帧，进入 Trunk 类型端口会被怎样处理？（ ）
   A．丢弃
   B．打上默认 VLAN ID 进行转发
   C．向除了 PVLAN 之外的所有 vlan 转发
   D．向所有 VLAN 内端口

   【解析】 Trunk 端口是以太网交换机上用来和其他以太网交换机连接的端口，它只能连接干道链路。Trunk 端口允许多个 VLAN 的数据帧（带 Tag 标记）通过。Trunk 端口收发数据帧的规则如下。当接收到对端设备发送的不带 Tag 标记的数据帧时，会添加该端口的 PVID，如果 PVID 在允许通过的 VLAN ID 列表中，则接收该数据帧，否则丢弃该数据帧。接收到对端设备发送的带 Tag 标记的数据帧时，检查 VLAN ID 是否在允许通过的 VLAN ID 列表中。如果 VLAN ID 在允许通过的 VLAN ID 列表中，则接收该数据帧，否则丢弃该数据帧。端口发送数据帧时，当 VLAN ID 与端口的 PVID 相同，且是该端口允许通过的 VLAN ID 时，去掉 Tag 标记，发送该数据帧。
   【答案】 B

3. 以太网交换机 S1 的端口 Fa0/24 已经配置成为 Trunk 类型端口。如果要使此端口只允许 VLAN2 和 VLAN3 通过，则需要使用下列哪个命令？（ ）
   A．switchport trunk native vlan 2
   B．switchport trunk native vlan 3
   C．switchport trunk allowed vlan 2，3
   D．switchport trunk encapsulation dot1q

   【解析】 switchport trunk allowed vlan 命令用于约定允许通过的 VLAN。
   【答案】 C

4．Trunk 功能用于（　　）之间的级联，通过牺牲端口数来给以太网交换机之间的数据交换提供捆绑的大带宽，提高网络速度，突破网络瓶颈，进而大幅提高网络性能。

  A．路由器　　　　　　　　　　B．以太网交换机

  C．集线器　　　　　　　　　　D．传输设备

【解析】　Trunk 功能比较适合以下具体应用。①Trunk 功能用于与服务器相连，给服务器提供独享的大带宽。②Trunk 功能用于以太网交换机之间的级联，通过牺牲端口数来给以太网交换机之间的数据交换提供捆绑的大带宽，提高网络速度，突破网络瓶颈，进而大幅提高网络性能。③Trunk 功能可以提供负载均衡能力以及系统容错。Trunk 功能实时平衡各个以太网交换机端口和服务器端口的流量，一旦某个端口出现故障，它会自动把故障端口从 Trunk 组中撤消，进而重新分配各个 Trunk 端口的流量，从而实现系统容错。

【答案】　B

5．在交换机的 Trunk 端口发送数据帧时，（　　）。

  A．若 VLAN ID 与端口的 PVID 不同，则丢弃数据帧

  B．若 VLAN ID 与端口的 PVID 不同，则替换为 PVID 转发

  C．若 VLAN ID 与端口的 PVID 不同，则剥离 Tag 标后转发

  D．若 VLAN ID 与端口的 PVID 相同，且是该端口允许通过的 VLAN ID，则去掉 Tag 标记，发送该数据帧

【解析】　Trunk 端口收发数据帧的规则如下。

（1）当接收到对端设备发送的不带 Tag 标记的数据帧时，添加该端口的 PVID，如果 PVID 在允许通过的 VLAN ID 列表中，则接收该数据帧；否则，丢弃该数据帧。当接收到对端设备发送的带 Tag 标记的数据帧时，检查 VLAN ID 是否在允许通过的 VLAN ID 列表中，如果 VLAN ID 在允许通过的 VLAN ID 列表中，则接收该数据帧；否则，丢弃该数据帧。

（2）端口发送数据帧时，当 VLAN ID 与端口的 PVID 相同，且是该端口允许通过的 VLAN ID 时，去掉 Tag 标记，发送该数据帧。当 VLAN ID 与端口的 PVID 不同，且是该端口允许通过的 VIAN ID 时，保持原有 Tag 标记，发送该数据帧。

【答案】　D

二、填空题

1．两台以太网交换机通过一条链路连接，要使不同 VLAN 通过该链路，则该链路端口需要配置为_____。

【解析】　如果每个 VLAN 单独使用一根连接线，则以太网交换机的 VLAN 多，以太网交换机之间连的线也多，不利于扩展，浪费端口和线材。如果在以太网交换机上创建一个接口，这个端口不属于任何 VLAN，然后这个端口发送的数据帧携带一个 Tag 标记，来告诉对方以太网交换机这个传递的数据帧属于哪个 VLAN，这样以太网交换机之间只要连接一根线，就可以实现不同以太网交换机相同 VLAN 内成员的通信。

【答案】 Trunk

2. 在 Trunk 链路中增加 VLAN3 可以通过的命令是：switchport trunk allowed vlan _____。

【解析】 switchport trunk allowed vlan add 命令用于在 Trunk 链路上增加允许通信的 VLAN。

【答案】 add 3

3. _____的意思是虚拟局域网的 ID 号；_____则是 Port VID，即端口的 VLAN ID。

【解析】 VLAN 是一组逻辑上的设备和用户，这些设备和用户并不受物理位置的限制，可以根据功能、部门及应用等因素将它们组织起来，其相互之间的通信就好像它们在同一个网段中一样，由此得名虚拟局域网。VLAN ID 的意思是虚拟局域网的 ID 号；PVID 则是 Port VID，即端口的 VLAN ID。

【答案】 VLAN ID，PVID

三、判断题

1. 把一台路由器的 ip routing 关闭，同时配置默认网关，就可以把路由器看作 PC。（ ）

【解析】 路由器的 ip routing 是默认启用的，关闭 ip routing 是为了把路由器当作一台 PC 使用，所以此时要配上 ip default-gateway，就像在自己的 PC 上设置默认网关一样。

【答案】 正确

2. Trunk 端口的 PVID 值不可以修改。（ ）

【解析】 因为一台以太网交换机只有一个本征 VLAN，而 PVID 相当于 VLAN ID 去掉 Tag 标记，所以本征 VLAN 是可以修改的。

【答案】 错误

3. Trunk 端口可以属于多个 VLAN，缺省 VLAN 就是它所在的 PVLAN。（ ）

【解析】 因为 Access 端口只属于 1 个 VLAN，所以它的默认 VLAN 就是它所在的 VLAN，不用设置 General 端口。Trunk 端口属于多个 VLAN，因此需要设置默认 VLAN ID。在默认情况下 Hybrid 端口和 Trunk 端口的默认 VLAN 为 VLAN 1。如果设置了端口默认 VLAN ID，则当端口接收到不带 Tag 标记的数据帧后，将数据帧转发到属于默认 VLAN 的端口；当端口发送带有 Tag 标记的数据帧时，如果该数据帧的 VLAN ID 和端口默认 VLAN ID 相同，则系统将去掉数据帧的 Tag 标记，然后再发送该数据帧。

【答案】 正确

4. 实现多个以太网交换机之间相同 VLAN 的通信有两种方法，分别是多个以太网交换机之间的每一对相同的 VLAN 都用一条链路连接和以太网交换机之间用一条链路连接，这条链路能同时承载多个 VLAN 的数据。（ ）

【解析】 实现多个以太网交换机之间相同 VLAN 的通信有两种方法。第一种方法是多个以太网交换机之间的每一对相同的 VLAN 都用一条链路连接,即第一个以太网交换机上的 VLAN2 与第二个以太网交换机上的 VLAN2 用一条线连接起来;第一个以太网交换机上的 VLAN3 与第二个以太网交换机上的 VLAN3 用一条线连接起来,依此类推。这种方法的缺点是:当 VLAN 增多时,所占用的端口就会很多;当整个网络中的 VLAN 很多时(比如 100 个),用这种方法根本无法实现跨以太网交换机的同 VLAN 间的通信。第二种方法是以太网交换机之间用一条链路连接,这条链路能同时承载多个 VLAN 的数据。用这种方法连接时,必须要解决的问题是:在这条链路上,如何标识来自不同 VLAN 的数据,因为只有对数据做了标识,才能把来自一台以太网交换机某 VLAN 的数据送到另一台以太网交换机的相同 VLAN 上去。

【答案】 正确

四、简答题

1. 简述 VLAN 间通信的实现方法。

【解析】 要想实现 VLAN 间通信,可以采用路由器或三层以太网交换机。

使用路由器实现 VLAN 间通信的连接方式有两种。第一种是通过路由器的不同物理端口与以太网交换机上的每个 VLAN 分别连接。第二种是通过路由器的逻辑子端口与以太网交换机的各个 VLAN 连接。

第一种,通过路由器的不同物理端口与以太网交换机上的每个 VLAN 分别连接。这种方式的优点是管理简单,其缺点是网络扩展难度大。每增加一个新的 VLAN,都需要消耗路由器的端口和以太网交换机上的访问链接,而且需要重新布设一条网线。而路由器通常不会带有太多 LAN 端口。新建 VLAN 时,为了对应增加的 VLAN 所需的端口,必须将路由器升级成带有多个 LAN 端口的高端产品,这部分成本,还有重新布线所带来的开销,都使这种方式成为不受欢迎的方式。

第二种,通过路由器的逻辑子端口与以太网交换机的各个 VLAN 连接。这种方式要求路由器和以太网交换机的端口都支持汇聚链路,且双方用于汇聚链路的协议也必须相同。接着在路由器上定义对应各个 VLAN 的逻辑子端口,如 Fa0/1.1 和 Fa0/1.2。这种方式是靠在一个物理端口上设置多个逻辑子端口的方式实现网络扩展的,因此网络扩展比较容易且成本较低,只是路由器的配置复杂一些。

在实际应用中,除了路由器可以实现 VLAN 间通信,三层以太网交换机也可以代替路由器实现 VLAN 间通信。三层以太网交换机同时具有二层转发和三层转发功能,同一个 VLAN 的报文可以通过三层以太网交换机进行二层转发,不同 VLAN 之间的报文可以通过三层以太网交换机进行三层转发。三层以太网交换机进行三层转发的关键是在每个 VLAN 的基础上虚拟出一个 vlanif 端口,并配上 IP 地址,从而实现三层转发。目前市场上有许多三层以上的以太网交换机,在这些以太网交换机中,厂家通过硬件或软件的方式将路由功能集成到以太网交换机中,以太网交换机主要用于园区网,园区网中的路由比较简单,但要求数据交换的速度较快,因此在大型园区网中用以太网交换机代替路由器已是不争的事实。用以太网交换机代替路由器实现 VLAN 间通信的方式也有两种。其一,是启用以太网交换机的路由功能,这种方式的实现方法可采用以上介绍的路由器方式的任一种。其二,是利用某些高端以太网交换机所支持的专用 VLAN 功能来实现 VLAN 间通信。

2. 简述以太网交换机各端口收发数据的区别。

【解析】 以太网交换机各端口收发数据的区别见表 1-4-1。

表 1-4-1 以太网交换机各端口收发数据的区别

端口类型	收发	描述
Access	收报文	判断是否有 VLAN 信息,如果没有则打上端口的 PVID,并进行交换转发,如果有则直接丢弃(默认)
	发报文	将报文的 VLAN 信息剥离,直接发送出去
Trunk	收报文	收到一个报文,判断是否有 VLAN 信息,如果没有则打上端口的 PVID,并进行交换转发,如果有判断该 Trunk 端口是否允许该 VLAN 的数据进入,如果允许则转发,否则丢弃
	发报文	比较端口的 PVID 和将要发送报文的 VLAN 信息,如果两者相等则剥离 VLAN 信息后再发送,如果不相等则直接发送
Hybrid	收报文	收到一个报文,判断是否有 VLAN 信息,如果没有则打上端口的 PVID,并进行交换转发,如果有则判断该 Hybrid 端口是否允许该 VLAN 的数据进入,如果允许则转发,否则丢弃
	发报文	判断该 VLAN 在本端口的属性(disp interface 即可看到该端口对哪些 VLAN 是 untag,对哪些 VLAN 是 tag),如果属性是 untag 则剥离 VLAN 信息后再发送,如果属性是 tag 则直接发送

五、操作题

基于图 1-4-1 所示拓扑结构和表 1-4-2 与表 1-4-3 所示设备信息的网络,完成基于三层以太网交换机的 VLAN 间通信。配置要求如下。

(1)设备名称已正确配置。

(2)管理员配置完成后无法实现 PC1 与 PC2 的通信,进行纠错,实现基于三层以太网交换机的 VLAN 间通信。

(3)测试 PC1 与 PC2 之间的通信。

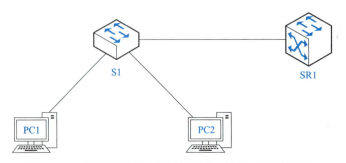

图 1-4-1 基于三层以太网交换机的 VLAN 间通信纠错

【设备信息】

表 1-4-2　设备端口连接

设备名称	端口	设备名称	接口
SR1	Fa0/24	S1	Fa0/24
S1	Fa0/1	PC1	Fa0
S1	Fa0/2	PC2	Fa0

表 1-4-3　设备地址

设备名称	端口	IP 地址	网关地址
SR1	VLAN10	192.168.10.254/24	—
SR1	VLAN20	192.168.20.254/24	—
PC1	NIC	192.168.10.1/24	192.168.10.254
PC2	NIC	192.168.20.1/24	192.168.20.254

【解析】

STEP 1: 以太网配置交换机 SR1。

```
iprouting
interface FastEthernet0/24
    switchport mode trunk
```

STEP 2: 以太网配置交换机 S1。

```
interface FastEthernet0/24
    switchport mode trunk
```

STEP 3: 配置 PC1 与 PC2。

两台主机漏了网关地址。

1.5 单元测试

一、选择题

1. 假设已经成功在以太网交换机 S1 中创建了 VLAN10，下列哪个命令可以删除 VLAN10？（　　）

    A. no vlan 10
    B. vlan 10 name VLAN10
    C. switchport access vlan 10
    D. no switchport access vlan 10

【解析】 在以太网交换机中，删除 VLAN 的方法有 3 种。方法 1：switch（config）#no vlan 10；方法 2：switch（vlan）#no vlan 10；方法 3：switch#delete vlan.dat。

【答案】 A

2. 在以太网交换机中，全局模式执行 default interface fastEthernet 0/1 的作用是（　　）。

    A. 查看 VLAN
    B. 在以太网交换机端口加入 VLAN
    C. 还原端口为默认配置
    D. 创建 VLAN

【解析】 在全局配置模式下创建 VLAN 的命令是 vlan id；在全局配置模式下删除 VLAN 的命令是 no vlan id；将单个端口加入 VLAN 的命令示例是 switchport access vlan 10；还原端口为默认配置的命令是 default int 端口。

【答案】 C

3. 在以太网交换机中，中继端口配置模式执行 switchport trunk allowed vlan add 10 的作用是（　　）。

    A. 当前端口加了 VLAN10
    B. 当前端口允许 VLAN10 数据通过
    C. 当前端口拒绝 VLAN10 数据通过
    D. 删除当前以太网交换机的 VLAN10

【解析】 在中继端口配置模式下，默认允许所有 VLAN。使用 switchport trunk allowed vlan add 命令可以配置中继端口上允许的 VLAN。

【答案】 B

4. 在 STP 中，假设所有以太网交换机配置的优先级相同，以太网交换机 1 的 MAC 地址为 00-E0-FC-00-00-40，以太网交换机 2 的 MAC 地址为 00-E0-FC-00-00-10，以太网交换机 3 的 MAC 地址为 00-E0-FC-00-00-20，以太网交换机 4 的 MAC 地址为 00-E0-FC-00-00-80，则根以太网交换机应当为（　　）。

    A. 以太网交换机 1
    B. 以太网交换机 2
    C. 以太网交换机 3
    D. 以太网交换机 4

【解析】 每一台以太网交换机都有自己的 MAC 地址和优先级，MAC 地址加优先级称为 BID（网桥 ID），BID 值最优的为根网桥，BID 值越小越优。每一台以太网交换机启动 STP 后，都认为自己是根网桥，以太网交换机之间会互相发送 BPDU 报文（网桥协议数据单元），BPDU 包含 BID、RPC、端口 ID、计时器等参数。以太网交换机就是通过相互之间发送 BPDU 报文，通过 BPDU 报文里的 BID 比较出谁是根网桥。

【答案】 B

5．DHCP 提供了 3 种机制分配 IP 地址，不包括下列哪一种？（ ）

A．自动分配方式　　　　　　B．动态分配方式

C．手工分配方式　　　　　　D．静态分配方式

【解析】 DHCP 有 3 种机制分配 IP 地址。一是自动分配（Automatic Allocation），即 DHCP 服务器端为 DHCP 客户端指定一个永久性的 IP 地址，一旦 DHCP 客户端第一次成功从 DHCP 服务器端租用到 IP 地址，就可以永久地使用该 IP 地址。二是动态分配（Dynamic Allocation），即 DHCP 服务器端为 DHCP 客户端指定一个具有时间限制的 IP 地址，时间到期或 DHCP 客户端明确表示放弃该 IP 地址时，该 IP 地址可以被其他 DHCP 客户端使用。三是手工分配（Manual Allocation），即 DHCP 客户端的 IP 地址是由网络管理员指定的，DHCP 服务器端只是将指定的 IP 地址告诉 DHCP 客户端。在 3 种 IP 地址分配机制中，只有动态分配可以重复使用 DHCP 客户端不再需要的 IP 地址。

【答案】 D

二、填空题

1．完成下列配置过程，创建一个名称为 V2，ID 为 2 的 VLAN 的配置（注：填写命令不能采用缩写）。

　　S2#_____（进入 VLAN 配置模式）

　　S2（vlan）#_____（创建 VLAN2，并且命名为 V2）

　　S2（vlan）#_____（退出 VLAN 配置模式）

【解析】 在以太网交换机中，创建 VLAN 有两种方法。

方法 1：

switch#vlan database

switch（vlan）#vlan 10 name mahaobin

switch（vlan）#exit

方法 2：

switch（config）#vlan 10

switch（config-vlan）#name mahaobin

根据题目要求及提示信息显然使用方法 1。

【答案】 vlan database，vlan 2 name V2，exit

2. LACP 是基于 IEEE802.3ad 标准实现_____汇聚的协议。

【解析】 思科以太网交换机提供两种链路聚合协议：思科私有的 PAgP、IEEE 的 LACP。LACP 是基于 IEEE802.3ad 标准实现链路动态汇聚的协议，它使用 LACPDU 与对端口协商。

【答案】 链路动态

3. 在以太网交换机 VTP 模式下允许_____和_____配置 VLAN。

【解析】 VTP 的 3 种模式的功能见表 1-3-1。

【答案】 Server，Transparent

4. _____是指多个以太网交换机共同侦测到 LAN 拓扑发生了某些变化，将相应端口变为阻塞状态或者转发状态的过程。

【解析】 当通过重新配置各种端口的状态（转发/阻止）而发生某些更改时，STP 的反应称为 STP 收敛。

【答案】 STP 收敛

三、判断题

1. 以太网交换机支持不同速率端口之间进行数据帧直接转发。　　　　　　（　）

【解析】 以太网交换机在输入端口检测到一个数据帧时，检查数据帧的帧头，获取数据帧的目的 MAC 地址，根据 MAC 表信息转发数据帧，对数据帧不做缓存处理。直接转发的优点是转发前不需要读取完整的数据帧，因此延时非常小；直接转发的主要缺点是不能提供错误检测能力，并且一般不支持不同速率端口之间的数据转发。

【答案】 错误

2. 以太网交换机的报文过滤只能根据源端口和目的端口进行。　　　　　　（　）

【解析】 报文过滤根据报文的源 IP 地址、目的 IP 地址、协议类型、源端口、目的端口及报文传递方向等报头信息来判断是否允许通过，实现报文过滤的核心技术是 ACL（访问控制列表）。

【答案】 错误

3. 以太网交换机泛洪和选择性转发的工作过程相同。　　　　　　　　　　（　）

【解析】 泛洪：如果目的 MAC 地址不在 MAC 表中，以太网交换机会将数据帧发送到除接收端口以外的所有其他端口。选择性转发：如果目的 MAC 地址在 MAC 表中，以太网交换机会将数据帧转发到相应的端口。

【答案】 错误

4. 在以太网交换机中，命令 switchport mode trunk 可以实现永久的中继模式，并可向对方发送 DTP 请求。　　　　　　　　　　　　　　　　　　　　　　　（　）

【解析】 动态中继协议（Dynamic Trunk Protocol，DTP）可以让思科以太网交换机自动协商指定以太网交换机之间的链路是否形成 Trunk。DTP 的用途是取代动态 ISL，主要用于协商两台设备间链路上的中继过程及中继封装802.1Q类型。以太网交换机端口模式中，Access为永久的非中继模式（接入模式），并可向对方发送DTP请求；Trunk模式永久的中继模式，并可向对方发送DTP请求；动态企望模式主动向对方申请成为中继；动态自动模式不主动发送请求，但可以接受对方的请求；非协商模式不接受对方的协商。

【答案】 正确

5. DHCP有3种机制分配IP地址，其中自动分配可以重复使用DHCP客户端不再需要的IP地址。 （ ）

【解析】 见选择题第5题解析。

【答案】 错误

四、简答题

1. 什么是VLAN？VLAN的优点是什么？

【解析】 VLAN的中文名为"虚拟局域网"。VLAN是一种将局域网设备从逻辑上划分成一个个网段，从而实现虚拟工作组的新兴数据交换技术。VLAN的优点包括以下几个。

（1）能减小在解决移动、添加和修改等问题时的管理开销。

（2）具有控制广播活动的功能。

（3）支持工作组和网络的安全性。

（4）可利用现有的以太网交换机以节省开支。

2. 简述生成树的形成过程。

【解析】 （1）BPDU数据包：通过网桥之间传递较小的信息包——网桥协议数据单元（Bridge Protocol Data Unit，BPDU）来决定阻塞那些冗余链路端口，从而建立树状网络结构。被阻塞的端口不能接收和转发数据包，但仍然是一个活动的端口，可以接收和读取BPDU。一旦网络拓扑结构发生变化，网桥利用STA算法重新决定转发端口和阻塞端口，原先的阻塞端口可能成为转发端口。

（2）根交换机：处于生成树根位置的以太网交换机，它的优先级最低，或ID最小。一个启用STP的网络只能有一个根交换机。根交换机不是固定不变的，一旦网络拓扑结构或以太网交换机参数发生变化，根交换机也可能也发生变化。

（3）指定交换机：网络中到根网桥累计路径花费最小以太网交换机。

（4）根端口：非根交换机到根交换机累计路径花费最小的端口，负责本网以太网交换机与根交换机通信的端口。

（5）指定端口：根交换机上的每个端口都是指定端口。

五、操作题

1. 基于图1-5-1所示拓扑结构和表1-5-1与表1-5-2所示设备信息的网络，完成以下要求的配置。

（1）采用 Console 端口配置方式。

（2）根据设备信息修改主机名。

（3）正确配置网络设备的 IP 地址。

（4）在以太网交换机 S1 中配置本地用户名为 user01，口令为 cisco。

（5）启用 AAA 认证。

（6）端口 VTY 和 enable 都开启本地 AAA 认证（名称都使用 default）。

（7）测试 PC1 可以 Telnet 以太网交换机 S1。

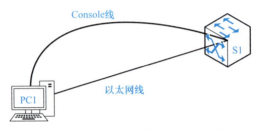

图 1-5-1　以太网交换机 AAA 配置

【设备信息】

表 1-5-1　设备端口连接

设备名称	端口	设备名称	端口
S1	Fa0/1	PC1	Fa0

表 1-5-2　设备端口地址

设备名称	端口	IP 地址	网关地址
S1	VLAN 1	192.168.1.1/24	—
PC1	NIC	192.168.1.10/24	—

【解析】

STEP 1： 配置以太网交换机 S1。

```
Switch>enable
Switch#configure terminal
Switch(config)#hostname S1
S1(config)#int VLAN 1
S1(config-if)#ip add 192.168.1.1 255.255.255.0
S1(config-if)#no shutdown
S1(config)#username user01 password cisco
S1(config)#aaa new-model
S1(config)#aaa authentication enable default group radius local
S1(config)#aaa authentication login default group radius local
```

```
S1(config)#line vty 0 4
S1(config-line)#login authentication default
```

STEP 2: 为 PC1 配置 IP 地址，如图 1-5-2 所示。

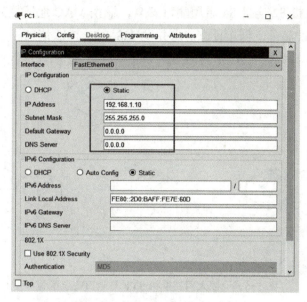

图 1-5-2　为 PCI 配置 IP 地址

STEP 3: PC1 远程连接 S1。

```
C:\>telnet 192.168.1.1
Username: user01
Password:
S1>ena
S1>enable
Username:
Password:
S1#
```

2. 基于图 1-5-3 所示拓扑结构和表 1-5-3 与表 1-5-4 所示设备信息的网络，完成以下要求的配置。

（1）设备主机名和 IP 地址已经正确配置。

（2）在所有以太网交换机中创建 VLAN10、VLAN20、VLAN30。

（3）以太网交换机 S3 和 S4 的 Fa0/1 划分为 VLAN10，Fa0/2 划分为 VLAN20，Fa0/3 划分为 VLAN30。

（4）所有以太网交换机之间的连接端口全部为 Trunk 端口。

（5）强制配置以太网交换机 S1 为 VLAN10、VLAN20、VLAN30 的根网桥。

（6）通过修改 COST 值（设定为 3000），实现 S2 与 S1 连接的端口为 VLAN10、

VLAN30 的阻塞端口，S3 与 S1 连接的端口为 VLAN20 的阻塞端口。

（7）以太网交换机 S2 和 S4 之间的链路只允许 VLAN10、VLAN20、VLAN30 通过，并且本征 VLAN 为 VALN10。

（8）以太网交换机 S2 连接 S4 启用端口安全，最大 MAC 地址数为 6，违反规则时丢弃未允许的 MAC 地址流量，创建日志消息并发送 SNMP Trap 消息。

（9）测试 PC11 与 PC12、PC21 与 PC22、PC31 与 PC32 的连通性，注意顺序。

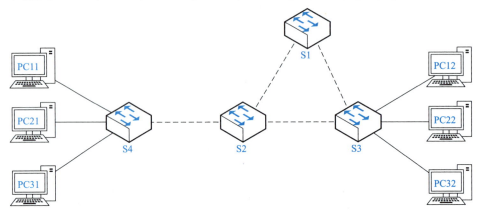

图 1-5-3　以太网交换机 STP 与端口安全配置

【设备信息】

表 1-5-3　设备端口连接

设备名称	端口	设备名称	端口
S1	Fa0/22	S2	Fa0/22
S1	Fa0/23	S3	Fa0/23
S2	Fa0/21	S3	Fa0/21
S2	Fa0/24	S4	Fa0/24
S4	Fa0/1	PC11	Fa0
S4	Fa0/2	PC21	Fa0
S4	Fa0/3	PC31	Fa0
S3	Fa0/1	PC12	Fa0
S3	Fa0/2	PC22	Fa0
S3	Fa0/3	PC32	Fa0

表 1-5-4　设备端口地址

设备名称	端口	IP 地址	网关地址
PC11	NIC	192.168.10.11/24	—
PC21	NIC	192.168.20.21/24	—
PC31	NIC	192.168.30.31/24	—
PC12	NIC	192.168.10.12/24	—

续表

设备名称	端口	IP 地址	网关地址
PC22	NIC	192.168.20.22/24	—
PC32	NIC	192.168.30.32/24	—

【解析】

STEP 1: 配置以太网交换机 S1。

  Vlan 10

Vlan 20

Vlan 30

spanning-tree vlan 10, 20, 30 root primary

interface FastEthernet0/22

switchport mode trunk

interface FastEthernet0/23

switchport mode trunk

STEP 2: 配置以太网交换机 S2。

  Vlan 10

  Vlan 20

  Vlan 30

  interface FastEthernet0/21

    switchport mode trunk

  interface FastEthernet0/22

    switchport mode trunk

    spanning-tree vlan 10, 30 cost 3000

  interface FastEthernet0/24

    switchport mode trunk

    switchport trunk native vlan 10

    switchport trunk allowed vlan 10, 20, 30

    switchport port-security

    switchport port-security maximum 6

    switchport port-security violation restrict

STEP 3: 配置以太网交换机 S3。

  Vlan 10

  Vlan 20

  Vlan 30

  interface FastEthernet0/1

```
        switchport mode access
        switchport access vlan 10
    interface FastEthernet0/2
        switchport mode access
        switchport access vlan 20
    interface FastEthernet0/3
        switchport mode access
        switchport access vlan 30
    interface FastEthernet0/21
        switchport mode trunk
    interface FastEthernet0/23
        switchport mode trunk
        spanning-tree vlan 20 cost 3000
```

STEP 4: 配置以太网交换机 S4。

```
    Vlan 10
    Vlan 20
    Vlan 30
    interface FastEthernet0/1
        switchport mode access
        switchport access vlan 10
    interface FastEthernet0/2
        switchport mode access
        switchport access vlan 20
    interface FastEthernet0/3
        switchport mode access
        switchport access vlan 30
    interface FastEthernet0/24
        switchport mode trunk
        switchport trunk native vlan 10
        switchport trunk allowed vlan 10, 20, 30
```

3. 基于图 1-5-4 所示拓扑结构和表 1-5-5 与表 1-5-6 所示设备信息的网络，完成以下要求的配置。

（1）设备名称正确配置。

（2）路由器 R1 的 IP 地址已经正确配置。

（3）在以太网交换机 S1 中，创建 VLAN30，名称为 VLAN30，同时把端口 Fa0/1 和

F0/24 加入 VLAN30。

（4）在以太网交换机 S1 中，VLAN30 配置 IP 地址为 192.168.30.1/24，默认网关地址为 192.168.30.254。

（5）在以太网交换机 S1 中，启动 DHCP 服务，并且分别为 VLAN10、VLAN20、VLAN30 创建 DHCP 服务，地址范围为 100~150，地址池名称分别为 p10、p20、p30、网关地址为路由器相应端口地址。

（6）在以太网交换机 S2、S3、S4 中启用 VTP，其中 S2 是 Server，S3 是 Client，S4 是 Transparent，域名为 cisco.cn，密码为 cisco，版本为 2。

（7）在以太网交换机 S2 中，所有连接网络设备的端口都配置为 Trunk。

（8）在以太网交换机 S3 中，把 Fa0/10 加入 VLAN10。

（9）在以太网交换机 S4 中，创建 VLAN 20，名称为 VLAN20，把 Fa0/20 加入 VLAN20。

（10）在以太网交换机 S2 与 S3 中，把连接链路聚合编号为 2，聚合模式为 on，负载均衡为 dst-mac。

（11）在以太网交换机 S2 中，强制其为根网桥。

（12）在以太网交换机 VLAN 需要配置 IP 地址时，都配置第一个或第二个有效 IP 地址。

（13）使用相关技术保证 PC10、PC20、PC30 可以动态获取 IP 地址。

（14）查看 PC10、PC20 与 PC30 获得的地址信息。

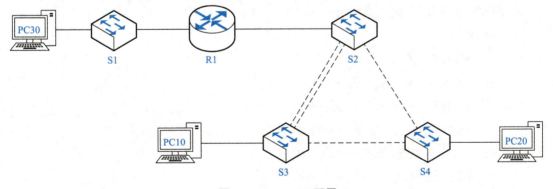

图 1-5-4　DHCP 配置

【设备信息】

表 1-5-5　设备端口连接

设备名称	端口	设备名称	端口
R1	Fa0/0	S1	Fa0/24
R1	Fa0/1	S2	Fa0/24
S1	Fa0/1	PC30	Fa0
S2	G0/1-2	S3	G0/1-2

续表

设备名称	端口	设备名称	端口
S2	Fa0/23	S4	Fa0/23
S3	Fa0/24	S4	Fa0/24
S3	Fa0/10	PC10	Fa0
S4	Fa0/20	PC20	Fa0

表 1-5-6 设备端口地址

设备名称	端口	IP 地址	网关地址
S1	VLAN 30	192.168.30.1/24	192.168.30.254
S2	VLAN 10	192.168.10.1/24	—
S2	VLAN 20	192.168.20.1/24	—
S3	VLAN 10	192.168.10.2/24	—

【解析】

STEP 1: 配置路由器 R1。

```
interface FastEthernet0/1.10
    ip helper-address 192.168.30.1
interface FastEthernet0/1.20
    ip helper-address 192.168.30.1
```

STEP 2: 配置以太网交换机 S1。

```
VLAN 30
    Name VLAN30
interface FastEthernet0/1
    switchport mode access
    switchport access vlan 30
interface FastEthernet0/24
    switchport mode access
    switchport access vlan 30
interface Vlan30
    ip address 192.168.30.1 255.255.255.0
ip default-gateway 192.168.30.254
ip dhcp pool p10
    network 192.168.10.0 255.255.255.0
    default-router 192.168.10.254
ip dhcp pool p20
    network 192.168.20.0 255.255.255.0
```

```
        default-router 192.168.20.254
    ip dhcp pool p30
        network 192.168.30.0 255.255.255.0
        default-router 192.168.30.254
    ip dhcp excluded-address 192.168.10.1 192.168.10.99
    ip dhcp excluded-address 192.168.10.151 192.168.10.254
    ip dhcp excluded-address 192.168.20.1 192.168.20.99
    ip dhcp excluded-address 192.168.20.151 192.168.20.254
    ip dhcp excluded-address 192.168.30.1 192.168.30.99
    ip dhcp excluded-address 192.168.30.151 192.168.30.254
```

STEP 3: 配置以太网交换机 S2。

```
    VLAN 10
        Name VLAN10
    VLAN 20
        Name VLAN20
    interface Vlan10
        ip address 192.168.10.1 255.255.255.0
    interface Vlan20
        ip address 192.168.20.1 255.255.255.0
    interface Port-channel2
    interface FastEthernet0/23
        switchport mode trunk
    interface FastEthernet0/24
        switchport mode trunk
    interface GigabitEthernet0/1
        switchport mode trunk
        channel-group 2 mode on
    interface GigabitEthernet0/2
        switchport mode trunk
        channel-group 2 mode on
    port-channel load-balance dst-mac
    spanning-tree vlan 10, 20 root primary
    vtp mode Server
    vtp version 2
    vtp domain cisco.cn
```

```
vtp password cisco
```

STEP 4: 配置以太网交换机 S3。

```
interface Port-channel2
interface FastEthernet0/24
    switchport mode trunk
interface GigabitEthernet0/1
    switchport mode trunk
    channel-group 2 mode on
interface GigabitEthernet0/2
    switchport mode trunk
    channel-group 2 mode on
interface FastEthernet0/10
    switchport mode access
    switchport access vlan 10
port-channel load-balance dst-mac
interface Vlan10
    ip address 192.168.10.2 255.255.255.0
vtp mode Client
vtp version 2
vtp domain cisco.cn
vtp password cisco
```

STEP 5: 配置以太网交换机 S5。

```
vlan 20
name VLAN20
    interface FastEthernet0/20
        switchport mode access
        switchport access vlan 20
    interface FastEthernet0/23
        switchport mode trunk
    interface FastEthernet0/24
        switchport mode trunk
vtp mode Transparent
vtp version 2
vtp domain cisco.cn
vtp password cisco
```

单元 2

路由

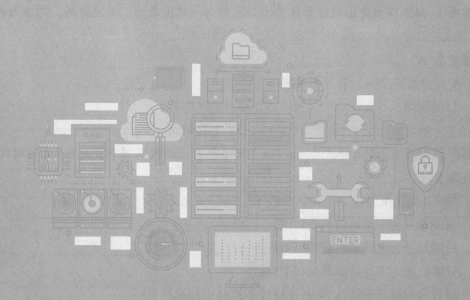

2.1 静态路由

一、单选题

1. 以下哪个不是路由表中的路由来源？（　　）
   A．端口上报的直连路由　　　　B．手工配置的静态路由
   C．协议发现的动态路由　　　　D．ARP 通知获得的主机路由

   【解析】 路由表中的路由有 3 种来源：直连网络、静态路由、动态路由。

   【答案】 D

2. 对静态路由描述正确的是（　　）。
   A．手工输入到路由表中且不会被路由协议更新
   B．一旦网络发生变化就被重新计算更新
   C．路由器出厂时就已经配置好
   D．通过其他路由协议学习到

   【解析】 静态路由是由网络管理员手动逐项加入路由表的，是固定的，不会对网络的改变做出反应。

   【答案】 A

3. 配置静态路由时，第三个参数是（　　）。
   A．目的网络　　　　　　　　　B．子网掩码
   C．下一跳　　　　　　　　　　D．生存时间

   【解析】 静态路由配置格式为：ip route [网络号] [子网掩码] [网关地址 / 本地端口 ID]。

   【答案】 C

4. 在静态路由配置中，下一跳参数（　　）。
   A．只能设置为本地路由器端口 ID
   B．只能设置为对端路由器端口 ID
   C．只能设置为本地路由器端口 IP 地址
   D．设置为对端路由器端口 IP 地址或本地路由器端口 ID

   【解析】 静态路由配置格式为：ip route [网络号] [子网掩码] [网关地址 / 本地端口 IP 地址]。下一跳参数为可以为网关地址或本地端口 IP 地址。

【答案】 D

5. 静态路由适用于哪种类型的计算机网络？（ ）

   A．小型计算机网络　　　　　　B．中型计算机网络
   C．大型计算机网络　　　　　　D．Internet

【解析】 静态路由具有简单、高效、安全的特点，但不能动态反映网络拓扑结构，当网络拓扑结构发生变化时，网络管理员就必须手工改变路由表。一般来说，静态路由用于网络规模不大、拓扑结构相对固定的网络。

【答案】 A

二、填空题

1. 静态路由协议默认的管理距离为_____。

【解析】 静态路由协议默认的管理距离为1。

【答案】 1

2. 配置静态路由时，第二个参数是_____。

【解析】 静态路由配置格式为：ip route [网络号] [子网掩码] [网关地址/本地端口 ID]。

【答案】 子网掩码

3. 静态路由描述转发路径的方式有两种，一种是指向下一跳路由器直连端口的 IP 地址（即将数据包交给 X.X.X.X），另一种是_____。

【解析】 静态路由描述转发路径的方式有两种，一是指向下一跳 IP 地址；二是指向本地出接口。

【答案】 本地出接口

4. 默认路由的目的 IP 地址和子网掩码都为_____。

【解析】 默认路由配置格式为：ip route 0.0.0.0 0.0.0.0 [网关地址/本地端口 IP 地址]。

【答案】 0.0.0.0

5. 路由器有 3 种途径建立路由，分别为：_____、_____、_____。

【解析】 路由表中的路由有 3 种来源：直连路由、静态路由、动态路由。

【答案】 直连路由、静态路由、动态路由。

三、判断题

1. 收敛速度快是静态路由的优点。　　　　　　　　　　　　　　　　　　　　（　）

【解析】 静态路由的优点为：简单、高效，不会占用路由器太多的 CPU 和 RAM 资源，也不占用线路的带宽，可以出于安全的考虑隐藏或控制部分网络路径，安全保密性高。

【答案】 错误

2. 默认路由是一种特殊的静态路由。　　　　　　　　　　　　　　　　　　　（　）

【解析】 默认路由是一种特殊的静态路由，配置格式类似静态路由。

【答案】 正确

3．网络中静态路由必须由网络管理员手动配置。　　　　　　　　　　　　　　（　）

【解析】 静态路由的路由项由网络管理员手动逐项加入路由表。

【答案】 正确

4．静态路由不能动态反映网络拓扑结构。　　　　　　　　　　　　　　　　（　）

【解析】 静态路由不能动态反映网络拓扑结构，当网络拓扑结构发生变化时，网络管理员就必须手工改变路由表。

【答案】 正确

5．默认路由的管理距离是固定的，不能修改。　　　　　　　　　　　　　　（　）

【解析】 默认路由与静态路由一样，可以修改其管理距离。

【答案】 错误

四、简答题

1．当使用本地出接口代替静态路由中的下一跳 IP 地址时，路由表会有什么不同？

【解析】 在静态路由表项中，如果使用本地出接口代替下一跳 IP 地址，目的 IP 地址将作为直接连接的 IP 地址进入路由表。

2．什么是浮动静态路由？

【解析】 通过修改静态路由的 AD 值来实现路由链路的备份，该功能即浮动静态路由。它的管理距离被设得很大，这样只有当别的优先级高的路由均不可用时，它才派上用场。

五、操作题

基于图 2-1-1 所示拓扑结构和表 2-1-1 与表 2-1-2 所示设备信息的网络，通过静态路由和默认路由方式实现网络的连通性，最终实现 PC1、PC2、PC3 间的互相通信，具体配置要求如下。

（1）在 R1、SW 上配置默认路由（下一跳 IP 地址方式）；

（2）在 R2 上配置静态路由（下一跳 IP 地址方式）。

（3）在 R3 上配置静态路由（本地出接口方式）。

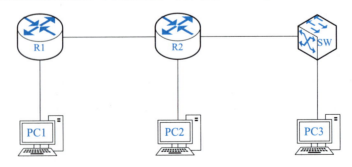

图 2-1-1　拓扑结构

【设备信息】

表 2-1-1　设备端口连接

设备名称	端口	设备名称	端口
R1	G0/0	PC1	Fa0
R1	G0/1	R2	G0/1
R2	G0/0	PC2	Fa0
R2	G0/2	SW	Fa0/2
SW	Fa0/1	PC3	Fa0

表 2-1-2　设备端口地址

设备名称	端口	IP 地址	网关地址
R1	G0/0	172.16.1.100/24	—
R1	G0/1	192.168.1.1/24	—
R2	G0/0	172.16.2.100/24	—
R2	G0/1	192.168.1.2/24	—
R2	G0/2	192.168.2.1/24	—
SW	Fa0/1（VLAN30）	172.16.3.100/24	—
SW	Fa0/2（VLAN20）	192.168.2.2/24	—
PC1	NIC	172.16.1.1/24	172.16.1.100/24
PC2	NIC	172.16.2.1/24	172.16.2.100/24
PC3	NIC	172.16.3.1/24	172.16.3.100/24

【解析】

【配置信息】

STEP 1: 根据设备信息修改主机名、配置 IP 地址。

略。

STEP 2: 配置路由器 R1 的静态路由。

```
R1(config)#ip route 172.16.3.0 255.255.255.0 192.168.1.2
R1(config)#ip route 172.16.2.0 255.255.255.0 192.168.1.2
```

STEP 3: 配置路由器 R2 的静态路由。

```
R2(config)#ip route 172.16.1.0 255.255.255.0 192.168.1.1
R2(config)#ip route 172.16.3.0 255.255.255.0 192.168.2.2
```

STEP 4: 配置三层以太网交换机 SW 的静态路由。

```
SW(config)#ip route 172.16.1.0 255.255.255.0 vlan 20
SW(config)#ip route 172.16.2.0 255.255.255.0 vlan 20
```

三层交换机使用了 SVI 接口与 R2 连接，所以出接口为 Vlan 20。

【配置验证】

STEP 1: 在 3 台 PC 上互 ping,若能 ping 通,代表网络连通正常。

STEP 2: 查看各路由设备的路由表,如下所示。

R1:
```
S     172.16.2.0/24 [1/0] via 192.168.1.2
S     172.16.3.0/24 [1/0] via 192.168.1.2
```

R2:
```
S     72.16.1.0/24 [1/0] via 192.168.1.1
S     172.16.3.0/24 [1/0] via 192.168.2.2
```

SW:
```
S     172.16.1.0 is directly connected, Vlan20
S     172.16.2.0 is directly connected, Vlan20
```

2.2 RIP 路由协议

知识测评

一、单选题

1. RIPv2 是增强 RIP，下面关于 RIPv2 的描述中错误的是（　　）。

   A. 使用广播方式传播路由更新报文

   B. 采用了触发更新机制加速路由收敛

   C. 支持可变长子网掩码和无类别域间路由

   D. 使用经过散列口令来限制路由信息传播

【解析】 RIPv1 采用广播更新报文，RIPv2 采用组播（224.0.0.9）更新报文。

【答案】 A

2. RIP 通过路由器之间的（　　）计算通信代价。

   A. 链路数据速率　　　　　　B. 物理距离

   C. 跳数　　　　　　　　　　D. 分组队列长度

【解析】 RIP 使用跳数（hop count）作为尺度衡量路由距离。

【答案】 C

3. RIP 是一种动态路由协议，适用于路由器数量不超过（　　）个的网络。

   A. 8　　　　　　　　　　　　B. 16

   C. 24　　　　　　　　　　　 D. 32

【解析】 RIP 最大跳数为 15 跳。

【答案】 B

4. 当路由器接收的报文的目的 IP 地址在路由表中没有匹配的表项时，采取的策略是（　　）。

   A. 将该报文进行广播

   B. 将该报文分片

   C. 将该报文组播转发

   D. 如果存在默认路由则按照默认路由转发，否则丢弃

【解析】 当路由器接收到报文时，会根据检查路由表的先后顺序规则进行匹配转发，当找不到匹配项时，会匹配默认路由进行转发，否则丢弃。

【答案】 D

5. 当路由表中有多条目的 IP 地址相同的路由信息时，路由器选择（　　）的一项作为匹配项。

　　A．组播聚合　　　　　　　　B．路径最短

　　C．子网掩码最长　　　　　　D．跳数最少

【解析】　当路由表中有多条目的 IP 地址相同的路由信息时，先根据最长子网掩码匹配原则寻找最长的子网掩码，如果子网掩码长度一样，则按照优先级进行匹配；如果路由表中目的网段的范围相同，并且路由优先级也相同，那么度量值（metric）小的优先。

【答案】　C

二、填空题

1. 在 RIP 中，默认路由更新周期是_____ s。

【解析】　RIP 默认路由更新周期为 30 s。

【答案】　30

2. RIP 是一种基于_____的动态路由协议。

【解析】　RIP 使用距离矢量决定最优路径，使用跳数作为尺度衡量路由距离。

【答案】　距离矢量

3. RIP 默认路由优先级为_____。

【解析】　RIP 默认路由优先级为 120。

【答案】　120

4. RIPv2 关闭自动汇总的命令为_____。

【解析】　RIPv2 自动汇总功能默认打开，在需要详细划分子网的网络环境下，需关闭自动汇总功能，命令为 no auto-summary。

【答案】　no auto-summary

5. RIP 依据_____选择最佳路由。

【解析】　RIP 使用距离矢量决定最优路径，使用跳数作为尺度衡量路由距离。

【答案】　跳数

三、简答题

1. 路由表中需要保存哪些信息？

【解析】　路由表中的每一个表项至少要包括目标 IP 地址和下一跳的路由器 IP 地址，或者表明目标 IP 地址是直接相连的。

2. 在路由表中与非直连路由相关的括号内的两个数字表示什么？

【解析】　第一个数字是学习到该路由的路由选择协议的管理距离，第二个数字是该路由的度量值。

四、操作题

拓扑结构如图 2-2-1 所示。设备信息如表 2-2-1、表 2-2-2 所示。配置 RIP 实现网络的连通，最终实现 PC1、PC2 间的互相通信，具体配置要求为：使用 RIPv2，R1、R2 通告直连网段，关闭自动汇总功能。

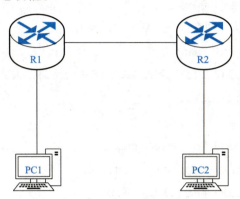

图 2-2-1　拓扑结构

【设备信息】

表 2-2-1　设备端口连接

设备名称	端口	设备名称	端口
R1	F1/0	SW	F0/1
R1	F0/0	PC1	Fa0
SW	F0/2	PC2	Fa0

表 2-2-2　设备端口地址

设备名称	端口	IP 地址	网关地址
R1	F1/0	192.168.1.1/24	—
	F0/0	172.16.1.100/24	—
SW	F0/1	192.168.1.2/24	—
	F0/2	172.16.2.100/24	—
PC1	NIC	172.16.1.1/24	172.16.1.100/24
PC2	NIC	172.16.2.1/24	172.16.2.100/24

【解析】

【配置信息】

STEP 1: 根据设备信息修改主机名，配置 IP 地址。

略。

STEP 2: 配置 R1 路由器的 RIPv2。

```
R1（config）#router rip
```

```
R1(config-router)#version 2
R1(config-router)#no auto-summary
R1(config-router)#net 192.168.1.0
R1(config-router)#net 172.16.0.0
R1(config-router)#exit
```

STEP 3: 配置三层以太网交换机 SW 的 RIPv2。

```
SW(config)#ip routing
```

— PT 模拟器中三层以太网交换机路由功能默认关闭，需先开启

```
SW(config)#router rip
SW(config-router)#version 2
SW(config-router)#no auto-summary
SW(config-router)#net 192.168.1.0
SW(config-router)#net 172.16.0.0
SW(config-router)#exit
```

【配置验证】

STEP 1: 在 2 台 PC 上互 ping，若能 ping 通，代表网络连通正常。

STEP 2: 查看各路由设备的路由表，查看到通过 RIP 收到如下路由条目。

R1:

```
R      172.16.2.0 [120/1] via 192.168.1.2, 00:00:21,
FastEthernet1/0
```

SW:

```
R      172.16.1.0 [120/1] via 192.168.1.1, 00:00:04,
FastEthernet0/1
```

2.3 OSPF 路由协议

一、单选题

1. OSPF 协议采用的路由算法是（　　）。
   A．静态路由算法　　　　　　　　B．距离矢量路由算法
   C．链路状态路由算法　　　　　　D．逆向路由算法

【解析】 OSPF 协议通过向全网扩散本设备的链路状态信息，使网络中的每台设备最终同步一个具有全网链路状态的数据库，然后路由器采用链路状态路由算法，以自己为根，计算到达其他网络的最短路径，最终形成全网路由信息。

【答案】 C

2. 三层以太网交换机中 OSPF 协议发现路由的默认优先级是（　　）。
   A．0　　　　　　　　　　　　　　B．110
   C．1　　　　　　　　　　　　　　D．150

【解析】 OSPF 协议默认路由优先级为 10。

【答案】 B

3. 下列关于 OSPF 协议的说法中错误的是（　　）。
   A．OSPF 协议支持基于端口的报文验证
   B．OSPF 协议支持到同一目的 IP 地址的多条等值路由
   C．OSPF 协议是一个基于距离矢量算法的边界网关路由协议
   D．OSPF 协议发现的路由可以根据不同的类型而有不同的优先级

【解析】 OSPF 协议是一个基于链路状态路由算法的路由协议。

【答案】 C

4. 下列哪些 OSPF 协议身份验证方法可用？
   A．只能纯文本　　　　　　　　　B．DES
   C．纯文本和 MD5　　　　　　　　D．3DES

【解析】 OSPF 协会身份验证方法有明文和密文两种方式，也就是纯文本和 MD5。

【答案】 C

5. 以下关于 OSPF 协会的描述中不正确的是（　　）。
   A．与 RIP 相比较，OSPF 协议的路由寻径开销更大

B．OSPF 协议使用链路状态路由算法计算出到每个网络的最短路径

C．OSPF 协议具有路由选择速度慢、收敛性好、支持精确度量等特点

D．OSPF 协议是应用于自治系统之间的"外部网关协议"

【解析】 RIP 以路由跳数衡量路由寻径的开销，OSPF 协议以带宽衡量路由寻径的开销。

【答案】 A

二、填空题

1．OSPF 协议使用＿＿＿＿算法计算并生成路由表。

【解析】 OSPF 协议通过向全网扩散本设备的链路状态信息，使网络中每台设备最终同步一个具有全网链路状态的数据库，然后路由器采用链路状态路由算法，以自己为根，计算到达其他网络的最短路径，最终形成全网路由信息。

【答案】 链路状态路由

2．对于运行 OSPF 协议的路由器来说，＿＿＿＿是路由器的唯一标识。

【解析】 OSPF 协议要求使用 RouterID 作为路由器的身份标示，如果在启动路由器时没有 RouterID，则路由进程可能无法正常启动。

【答案】 RouterID

3．运行在同一区域下的相邻 OSPF 路由器称为＿＿＿＿，OSPF 路由器把邻居的相关信息放在＿＿＿＿中。

【解析】 运行在同一区域下的相邻 OSPF 路由器称为邻居，OSPF 路由器把邻居的相关信息放在邻居表中。

【答案】 邻居，邻居表

4．查看 OSPF 路由表命令为：＿＿＿＿，查看邻居表命令为：＿＿＿＿。

【解析】 查看 OSPF 路由表命令为 show ip route，查看 OSPF 协议邻居摘要信息命令为 show ip ospf neighbor。

【答案】 show ip route，show ip ospf neighbor

5．OSPF 骨干区域的区域号为＿＿＿＿。

【解析】 OSPF 骨干区域只能有一个，区域号为 0。

【答案】 0

三、简答题

1．在两个相邻路由器间配置 OSPF 协议，使用不同进程、相同区域。邻居能正常建立起来吗？为什么？

【解析】 能。因为在 OSPF 协议的报文中并不需要对进程 ID 进行检查，所以邻居能正常建立起来。

2. 什么是路由重分发？

【解析】 为了实现同一网络内多种路由协议协同工作，利用路由重分发技术实现各路由器路由信息的共享，将一种路由协议的路由通过其他方式（可能是另一路由协议）广播出去，从而实现网络互通。

四、操作题

基于图 2-3-1 所示拓扑结构和表 2-3-1、表 2-3-2 所示设备信息的网络，具体配置要求如下。

（1）在 R1 与 R2 上配置 OSPF 协议，进程号为 1，通告 R1 所有端口网段和 R2 的 Se2/0 端口所在网段。

（2）在 R2 与 R3 上运行 RIPv2，关闭自动汇总功能，通告 R3 所有端口网段和 R2 的 Se3/0 端口所在网段。

（3）在 R1 中配置默认路由（下一跳 IP 地址方式）。

（4）在 R3 中配置默认路由（下一跳 IP 地址方式）。

（5）在 R2 中使用路由重分发技术，把 OSPF 协议和 RIP 互相注入，RIP 注入 OSPF 协议包含详细子网，OSPF 协议注入 RIP 的跳数设置为 2。

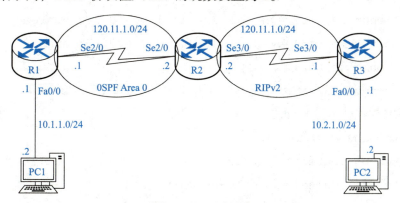

图 2-3-1 拓扑结构

【设备信息】

表 2-3-1 设备端口连接

设备名称	端口	设备名称	端口
R1	Fa0/0	PC1	Fa0
R1	Se2/0	R2	Se2/0
R2	Se3/0	R3	Se3/0
R3	Fa0/0	PC2	Fa0

表 2-3-2 设备端口地址

设备名称	端口	IP 地址	网关地址
R1	Fa0/0	10.1.1.1/24	—
R1	Se2/0	120.11.1.1/24	—
R2	Se2/0	120.11.1.2/24	—
R2	Se3/0	121.11.1.2/24	—
R3	Fa0/0	10.2.1.1/24	—
R3	Se3/0	121.11.1.1/24	—
PC1	NIC	10.1.1.2/24	10.1.1.1/24
PC2	NIC	10.2.1.2/24	10.2.1.1/24

【解析】

【配置信息】

STEP 1： 根据设备信息修改主机名、配置 IP 地址。

略。

STEP 2： 配置路由器 R1 路由。

R1（config）#router ospf 1

R1（config-router）#network 120.11.1.0 0.0.0.255 area 0

R1（config-router）#network 10.1.1.0 0.0.0.255 area 0

R1（config-router）#exit

R1（config）#ip route 0.0.0.0 0.0.0.0 120.11.1.2

STEP 3： 配置路由器 R2 路由。

R2（config）#router rip

R2（config-router）#version 2

R2（config-router）#no auto-summary

R2（config-router）#network 121.11.0.0

R2（config-router）#exit

R2（config）#router ospf 1

R2（config-router）#network 120.11.1.0 0.0.0.255 area 0

R2（config-router）#exit

STEP 4： 配置路由器 R3 路由。

R3（config）#router rip

R3（config-router）#version 2

R3（config-router）#no auto-summary

R3（config-router）#network 10.0.0.0

R3（config-router）#network 121.11.0.0

R3(config-router)#exit

R3(config)#ip route 0.0.0.0 0.0.0.0 121.11.1.2

【配置验证】

STEP 1: 在 PC1、PC2 互 ping，若能 ping 通，代表网络连通正常。

STEP 2: 查看各路由设备的路由表，查看到如下的路由条目。

R1 路由表：

```
R1#show ip route
Codes: C - connected, S - static, I - IGRP, R - RIP, M - mobile, B - BGP
       D - EIGRP, EX - EIGRP external, O - OSPF, IA - OSPF inter area
       N1 - OSPF NSSA external type 1, N2 - OSPF NSSA external type 2
       E1 - OSPF external type 1, E2 - OSPF external type 2, E - EGP
       i - IS-IS, L1 - IS-IS level-1, L2 - IS-IS level-2, ia - IS-IS inter area
       * - candidate default, U - per-user static route, o - ODR
       P - periodic downloaded static route

Gateway of last resort is 120.11.1.2 to network 0.0.0.0

     10.0.0.0/24 is subnetted, 2 subnets
C       10.1.1.0 is directly connected, FastEthernet0/0
O E2    10.2.1.0 [110/20] via 120.11.1.2, 00:13:50, Serial2/0
     120.0.0.0/24 is subnetted, 1 subnets
C       120.11.1.0 is directly connected, Serial2/0
     121.0.0.0/24 is subnetted, 1 subnets
O E2    121.11.1.0 [110/20] via 120.11.1.2, 00:13:50, Serial2/0
S*   0.0.0.0/0 [1/0] via 120.11.1.2R2:
```

R2 路由表：

```
R2#show ip route
Codes: C - connected, S - static, I - IGRP, R - RIP, M - mobile, B - BGP
       D - EIGRP, EX - EIGRP external, O - OSPF, IA - OSPF inter area
       N1 - OSPF NSSA external type 1, N2 - OSPF NSSA external type 2
       E1 - OSPF external type 1, E2 - OSPF external type 2, E - EGP
       i - IS-IS, L1 - IS-IS level-1, L2 - IS-IS level-2, ia - IS-IS inter area
       * - candidate default, U - per-user static route, o - ODR
       P - periodic downloaded static route
Gateway of last resort is not set
```

```
         10.0.0.0/24 is subnetted, 2 subnets
O        10.1.1.0 [110/65] via 120.11.1.1, 00: 15: 52, Serial2/0
R        10.2.1.0 [120/1] via 121.11.1.1, 00: 00: 21, Serial3/0
         120.0.0.0/24 is subnetted, 1 subnets
C        120.11.1.0 is directly connected, Serial2/0
         121.0.0.0/24 is subnetted, 1 subnets
C        121.11.1.0 is directly connected, Serial3/0
```

R3 路由表：

```
R3#show ip route
Codes: C - connected, S - static, I - IGRP, R - RIP, M - mobile, B - BGP
       D - EIGRP, EX - EIGRP external, O - OSPF, IA - OSPF inter area
       N1 - OSPF NSSA external type 1, N2 - OSPF NSSA external type 2
       E1 - OSPF external type 1, E2 - OSPF external type 2, E - EGP
       i - IS-IS, L1 - IS-IS level-1, L2 - IS-IS level-2, ia - IS-IS inter area
       * - candidate default, U - per-user static route, o - ODR
       P - periodic downloaded static route

Gateway of last resort is 121.11.1.2 to network 0.0.0.0

     10.0.0.0/24 is subnetted, 2 subnets
R       10.1.1.0 [120/2] via 121.11.1.2, 00: 00: 07, Serial3/0
C       10.2.1.0 is directly connected, FastEthernet0/0
     120.0.0.0/24 is subnetted, 1 subnets
R       120.11.1.0 [120/2] via 121.11.1.2, 00: 00: 07, Serial3/0
     121.0.0.0/24 is subnetted, 1 subnets
C       121.11.1.0 is directly connected, Serial3/0
S*   0.0.0.0/0 [1/0] via 121.11.1.2
```

2.4 单元测试

一、选择题

1. 当路由器接收到的数据的 IP 地址在路由表中找不到对应路由时，会进行（　　）操作。

　　A．丢弃数据　　　　　　　　B．分片数据
　　C．转发数据　　　　　　　　D．泛洪数据

【解析】 当路由器接收到数据时，会根据路由表的先后顺序规则进行匹配转发，当找不到匹配项时，会匹配默认路由进行转发，否则丢弃。

【答案】 A

2. 路由环路问题不会引起（　　）。

　　A．慢收敛　　　　　　　　　B．广播风暴
　　C．路由器重启　　　　　　　D．路由不一致

【解析】 路由环路问题会导致慢收敛、广播风暴、路由不一致。

【答案】 C

3. 下列哪些路由项需要由网络管理员手动配置？（　　）

　　A．静态路由　　　　　　　　B．直接路由
　　C．动态路由　　　　　　　　D．以上说法都不正确

【解析】 静态路由的路由项由网络管理员手动逐项加入路由表。

【答案】 A

4. 在运行 Windows 操作系统的计算机中配置网关，类似在路由器中配置（　　）。

　　A．直接路由　　　　　　　　B．默认路由
　　C．动态路由　　　　　　　　D．间接路由

【解析】 由于在路由表中存储针对每个主机或子网的路由项不可行，所以人们提出了默认路由的概念。默认路由中的网关称为默认网关。默认路由的 IP 地址为 0.0.0.0，子网掩码为 0.0.0.0，它可匹配任何网络进行通信，因此当到达特定主机或特定子网的路由并未在路由表中指定时，均可通过默认路由进行转发。在 Windows 操作系统的计算机中配置网关就类似在路由器中配置默认路由。

【答案】 B

5. 关于 RIP，下列说法中错误的有（ ）。

A. RIP 是一种动态路由协议 B. RIP 的选路跟链路带宽无关

C. RIP 是一种距离矢量路由协议 D. RIP 是一种链路状态路由协议

【解析】 RIP 是一种距离矢量路由协议。

【答案】 D

6. 在 OSPF 协议中，（ ）不是两台路由器成为邻居关系的必要条件。

A. 两台路由器的 Hello 时间一致 B. 两台路由器的 Dead 时间一致

C. 两台路由器的 Router ID 一致 D. 两台路由器所属区域一致

【解析】 在 OSPF 协议中，两台路由器成为邻居关系的必要条件包括：两台路由器的 Hello 时间、Dead 时间、验证类型、所属区域均一致。

【答案】 C

7. RIP 基于（ ）。

A. UDP B. TCP

C. ICMP D. Raw IP

【解析】 RIP 进程使用 UDP 的 520 端口来发送和接收 RIP 分组。

【答案】 A

8. RIP 的路由项在（ ）内没有更新会变为不可达。

A. 90s B. 120s

C. 180s D. 240s

【解析】 RIP 中的时间值有 4 个，更新时间（Update-time）默认为 30s，即路由器向相邻路由器广播更新的时间间隔；失效时间（Invalid-time）默认为 180s，即路由器从上次收到路由更新后，过了失效时间还没收到该路由更新，就会将该路由设为失效，并向外广播；抑制时间（holddown-time）默认为 180s，即路由器收到路由失效的消息后，会等待一段时间，在这段时间内会将路由设置为 possibly down 状态，如果在这段时间内有新的路由就对该路由进行更新；刷新时间（flush-time）默认为 240s，即从上次接受路由更新到超过刷新时间后，路由器会将无效的路由条目删除。

【答案】 C

9. RIP 在收到某一邻居网关发布的路由信息后，下述对度量值的说法错误的是（ ）。

A. 对本路由表中没有的路由项，只在度量值小于不可达时增加该路由项

B. 对本路由表中已有的路由项，当发送报文的网关相同时，只在度量值减小时更新该路由项的度量值

C. 对本路由表中已有的路由项，当发送报文的网关不同时，只在度量值减小时更新该路由项的度量值

D. 对本路由表中已有的路由项，当发送报文的网关相同时，只要度量值有改变，就一定会更新该路由项的度量值

【解析】 对本路由表中已有的路由项，当发送报文的网关不同时，只在度量值减小时更新该路由项的度量值。对本路由表中已有的路由项，当发送报文的网关相同时，只要度量值有改变，就一定会更新该路由项的度量值。对本路由表中没有的路由项，只在度量值小于不可达时增加该路由项。

【答案】 B

10. 在 RIP 中度量值等于（　　）时为不可达。

A. 8　　　　　　　　　　　B. 10

C. 15　　　　　　　　　　 D. 16

【解析】 在 RIP 中最大跳数为 15，跳数为 16 时为不可达。

【答案】 D

11. RIP 引入路由抑制计时的作用是（　　）。

A. 节省网络带宽　　　　　B. 防止网络中形成路由环路

C. 将路由不可达信息在全网扩散　　D. 通知邻居路由器哪些路由是从其处得到

【解析】 RIP 采用水平分割、毒性逆转、定义最大跳数、触发更新和抑制计时 5 个机制来避免路由环路。

【答案】 B

12. 下列哪一设备工作于网络层？（　　）

A. 集线器　　　　　　　　B. 交换机

C. 路由器　　　　　　　　D. 服务器

【解析】 集线器工作于物理层，交换机工作于数据链路层，路由器工作于网络层，服务器工作于应用层。

【答案】 C

13. 已知某台路由器的路由表中有如下两个路由项。

  O 9.0.0.0/8 [110/5] via 192.168.1.2, 00：00：17, Seria0/1

  R 9.1.0.0/16 [120/2] via 192.168.1.2, 00：00：17, FastEthernet0/0

如果该路由器要转发目的 IP 地址为 9.1.4.5 的报文，则下列说法中正确的是（　　）。

A. 选择第一项，因为 OSPF 协议的优先级高

B. 选择第二项，因为 RIP 的度量值小

C. 选择第二项，因为出口是 FastEthternet0/0，比 Seria0/1 速度快

D. 选择第二项，因为该路由项对于目的 IP 地址 9.1.4.5 来说是更精确的匹配

【解析】 匹配路由表的先后顺序规则：第一，最长子网掩码匹配原则；第二，按照优先级进行检查，优先级高的优先；第三，如果路由表中目的网段的范围相同，并且路由优先级也相同，那么度量值小的优先。

【答案】 D

14. 对于 IP 地址 192.168.19.255/20，下列中说法正确的是（ ）。

   A．这是一个广播地址　　　　　　B．这是一个网络地址

   C．这是一个私有地址　　　　　　D．该 IP 地址在 192.168.19.0 网段上

【解析】 192.168.19.255/20 在 192.168.16.0 网段上，网络号为 192.168.16.0，广播地址为 192.168.31.255，它属于私有地址范围（192.168.0.0~192.168.255.255）。

【答案】 C

15. 对路由器 A 配置 RIP，并在端口 Se2/0（IP 地址为 10.0.0.1/24）所在网段使能 RIP，在全局配置模式下使用的第一条命令是（ ）。

   A．router rip　　　　　　　　　　B．rip 10.0.0.0

   C．network 10.0.0.1　　　　　　　D．network 10.0.0.0

【解析】 RIP 在全局配置模式下使用的第一条命令是 router rip。

【答案】 A

16. 对于 RIP，可以到达目标网络的跳数（所经过路由器的个数）最多为（ ）。

   A．12　　　　　　　　　　　　　B．15

   C．16　　　　　　　　　　　　　D．没有限制

【解析】 在 RIP 中最大跳数为 15，跳数为 16 时为不可达。

【答案】 B

17. 不支持可变长子网掩码的路由协议有（ ）。

   A．RIPv1　　　　　　　　　　　B．RIPv2

   C．OSPF 协议　　　　　　　　　D．IS-IS 协议

【解析】 RIPv2、OSPF 协议、IS-IS 协议等路由协议均支持可变长子网掩码，RIPv1 不支持可变长子网掩码。

【答案】 A

18. 以下对路由优先级的说法中不正确的是（ ）。

   A．仅用于 RIP 和 OSPF 协议之间　　B．用于不同路由协议之间

   C．是路由选择的重要依据　　　　　D．直接路由的优先级默认为 0

【解析】 每一个路由协议都有协议优先级（数值越小，优先级越高）。

【答案】 A

19. 以下配置默认路由的命令正确的是（ ）。

   A．ip route 0.0.0.0 0.0.0.0 172.16.2.1　　B．ip route 0.0.0.0 255.255.255.255 172.16.2.1

   C．ip router 0.0.0.0 0.0.0.0 172.16.2.1　　D．ip router 0.0.0.0 0.0.0.0 172.16.2.1

【解析】 默认路由配置命令格式为 ip route 0.0.0.0 0.0.0.0 [网关地址/本地端口 IP 地址]。

【答案】 A

20. 在路由器上，应该使用什么命令来观察网络的路由表？（ ）

A．Show ip path　　　　　　　　B．show ip router

C．Show interface　　　　　　　D．Show running-config

【解析】 查看路由表的命令为：show ip router。

【答案】 B

二、填空题

1．RIP 依据_____选择最佳路由。

【解析】 作为距离矢量路由协议，RIP 使用距离矢量决定最优路径，具体来讲，就是提供跳数作为尺度衡量路由距离。

【答案】 跳数

2．RIP 是距离矢量路由协议，与 RIP 相对，OSPF 协议是_____协议，其 cost 值是根据_____计算的。

【解析】 OSPF 协议是链路状态路由协议，其 cost 值与链路带宽相关。

【答案】 链路状态路由，链路带宽

3．OSPF 协议中骨干区域的区域号为_____。

【解析】 OSPF 路由协议中骨干区域的区域号为 0。

【答案】 0

4．RIP 定义最大跳数是为了解决_____问题。

【解析】 RIP 设置最大跳数为 15 是因为可能形成路由环路，定义 16 跳为不可达。

【答案】 路由环路

5．OSPF 路由器收集链接状态信息并使用_____算法计算到各节点的最短路径。

【解析】 OSPF 协议通过向全网扩散本设备的链路状态信息，使网络中每台设备最终同步一个具有全网链路状态的数据库，然后路由器采用链路状态路由算法，以自己为根，计算到达其他网络的最短路径，最终形成全网路由信息。

【答案】 链路状态路由

6．RIP 规定路径长度为_____的路由器跳数，被视为不可达。

【解析】 在 RIP 中最大跳数为 15，16 跳为不可达。

【答案】 16

7．路由器将不知道路径的业务转发到_____。

【解析】 默认路由中的网关称为默认网关。默认路由的 IP 地址为 0.0.0.0，子网掩码为 0.0.0.0，它可匹配任何网络进行通信，因此当到达特定主机或特定子网的路由并未在路由表中指定时，均可通过默认路由转发到默认网关。

【答案】 默认网关

8．_____路由必须要由网络管理员手动配置。

【解析】 静态路由协议的路由项必须由网络管理员手动配置，添加到路由表中。

【答案】 静态

9．若从静态路由协议、RIP、OSPF 协议几种协议学到了 151.10.0.0/16 路由，则路由器将优选＿＿＿＿协议。

【解析】 目标 IP 地址一致，决定路由选择的为各个路由协议的优先级。数值越小，优先级越高，静态路由协议的默认优先级为 1，OSPF 协议的默认优先级为 110，RIP 的默认优先级为 120。

【答案】 静态路由

10．按寻径算法分类，动态路由协议可以分成两大类，分别是＿＿＿＿和＿＿＿＿。

【解析】 按寻径算法分类，动态路由协议可以分成两大类，分别是距离矢量协议和链路状态协议。

【答案】 距离矢量协议，链路状态协议。

三、判断题

1．OSPF 协议本身的算法保证了它是没有路由环路的。 （ ）

【解析】 OSPF 协议根据收集到的链路状态利用链路状态路由算法计算路由，算法本身保证了不会形成路由环路。

【答案】 正确

2．动态路由协议 RIP、OSPF 协议都支持可变长子网掩码。 （ ）

【解析】 RIPv2 和 OSPF 协议支持可变长子网掩码，但 RIPv1 不支持可变长子网掩码。

【答案】 错误

3．默认路由是一种特殊的动态路由。 （ ）

【解析】 默认路由是一种特殊的静态路由。

【答案】 错误

4．自动更新路由是静态路由的优点。 （ ）

【解析】 静态路由不能动态反映网络拓扑结构，当网络拓扑结构发生变化时，网络管理员必须手动改变路由表。

【答案】 错误

5．RIPv2 默认使用路由聚合（汇总）功能。 （ ）

【解析】 RIPv2 默认在主网络边界上进行路由汇总，为了允许被通告的子网通过主网络的边界，可以关闭路由汇总功能。

【答案】 正确

四、简答题

1．根据来源的不同，路由表中的路由通常可分为哪 3 类？

【解析】 根据来源的不同，路由表中的路由通常可分为以下 3 类：链路层协议发现的路由（也称为端口路由或直连路由）、由网络管理员手动配置的静态路由、动态路由协议发现的路由。

2. 什么是管理距离？

【解析】 管理距离是一个路由选择协议或者静态路由的优先等级。每一个路由选择协议和静态路由都有管理距离值。当一台路由器从多个路由选择协议得知到达同一目标 IP 地址的多个路由项时，它将使用管理距离最小的那条路由。

3. 为什么通常使用 Loopback 端口的 IP 地址作为路由器的管理地址？使用该端口的 IP 地址作为 OSPF 协议的 Router ID 又是什么原因？

【解析】

（1）Loopback 端口永远不会 down，保证在路由器只要有一个端口与网络正常连接就可以通过 Telnet 远程管理。

（2）OSPF 协议在运行过程中需要指定一个 Router ID，作为此路由器的唯一标识，并要求在整个自治系统内唯一，并且在 OSPF 协议运行过程中 Router ID 不能更改。由于 Router id 是一个 32 位的无符号整数，这一点与 IP 地址十分相似，而且 IP 地址是不会出现重复现象的，所以通常将路由器的 Router ID 指定为与该设备上的某个端口的 IP 地址相同。由于 Loopback 端口的 IP 地址通常被视为路由器的标识，所以也就成了 Router ID 的最佳选择。

五、操作题

1. 基于图 2-4-1 所示拓扑结构和表 2-4-1、表 2-4-2 所示设备信息的网络，通过静态路由和默认路由方式实现网络的连通性，使用浮动路由实现主备路由，最终实现 PC1、PC2 间的互相通信，具体配置要求如下。

（1）在 R2 中配置静态路由，添加 172.16.1.0/24、172.16.2.0/24 网段路由（下一跳 IP 地址方式）。

（2）在 R1 中配置往 R2、R3 的两条默认路由（下一跳 IP 地址方式），往 R2 的路由的 AD 值为 5。

（3）在 R3 中配置往 R1、R3 的两条默认路由（下一跳 IP 地址方式），往 R2 的路由的 AD 值为 5。

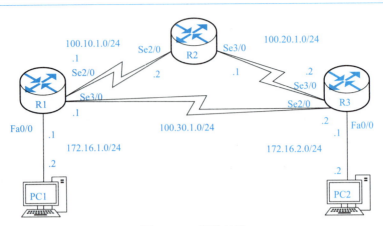

图 2-4-1 拓扑结构

【设备信息】

表 2-4-1 设备端口连接

设备名称	端口	设备名称	端口
R1	Fa0/0	PC1	Fa0
R1	Se2/0	R2	Se2/0
R1	Se3/0	R3	Se2/0
R2	Se3/0	R3	Se3/0
R3	Fa0/0	PC2	Fa0

表 2-4-2 设备端口地址

设备名称	端口	IP 地址	网关地址
R1	Fa0/0	172.16.1.1/24	—
R1	Se2/0	100.10.1.1/24	—
R1	Se3/0	100.30.1.1/24	—
R2	Se2/0	100.10.1.2/24	—
R2	Se3/0	100.20.1.1/24	—
R3	Fa0/0	172.16.2.1/24	—
R3	Se2/0	100.30.1.2/24	—
R3	Se3/0	100.20.1.2/24	—
PC1	NIC	172.16.1.2/24	172.16.1.1/24
PC2	NIC	172.16.2.2/24	172.16.2.1/24

【解析】

【配置信息】

STEP 1： 根据设备信息修改主机名，配置 IP 地址。

略。

STEP 2: 配置路由器 R1 的静态路由。

    R1（config）#ip route 0.0.0.0 0.0.0.0 100.30.1.2

    R1（config）#ip route 0.0.0.0 0.0.0.0 100.10.1.2 5

STEP 3: 配置路由器 R2 的静态路由。

    R2（config）#ip route 172.16.1.0 255.255.255.0 100.10.1.1

    R2（config）#ip route 172.16.2.0 255.255.255.0 100.20.1.2

STEP 4: 配置路由器 R3 的静态路由。

    R3（config）#ip route 0.0.0.0 0.0.0.0 100.20.1.1 5

    R3（config）#ip route 0.0.0.0 0.0.0.0 100.30.1.1

【配置验证】

STEP 1: 在 PC1、PC2 互 ping，若能 ping 通，代表网络连通正常。

STEP 2: 查看各路由设备的路由表，查看到如下的路由条目。

  R1 路由表：

```
R1#show ip route
Codes: C - connected, S - static, I - IGRP, R - RIP, M - mobile, B - BGP
       D - EIGRP, EX - EIGRP external, O - OSPF, IA - OSPF inter area
       N1 - OSPF NSSA external type 1, N2 - OSPF NSSA external type 2
       E1 - OSPF external type 1, E2 - OSPF external type 2, E - EGP
       i - IS-IS, L1 - IS-IS level-1, L2 - IS-IS level-2, ia - IS-IS inter area
       * - candidate default, U - per-user static route, o - ODR
       P - periodic downloaded static route

Gateway of last resort is 100.30.1.2 to network 0.0.0.0

     100.0.0.0/24 is subnetted, 2 subnets
C       100.10.1.0 is directly connected, Serial2/0
C       100.30.1.0 is directly connected, Serial3/0
     172.16.0.0/24 is subnetted, 1 subnets
C       172.16.1.0 is directly connected, FastEthernet0/0
S*   0.0.0.0/0 [1/0] via 100.30.1.2
```

  R2 路由表：

```
R2#sh ip route
Codes: C - connected, S - static, I - IGRP, R - RIP, M - mobile, B - BGP
       D - EIGRP, EX - EIGRP external, O - OSPF, IA - OSPF inter area
       N1 - OSPF NSSA external type 1, N2 - OSPF NSSA external type 2
```

```
        E1 - OSPF external type 1, E2 - OSPF external type 2, E - EGP
        i - IS-IS, L1 - IS-IS level-1, L2 - IS-IS level-2, ia - IS-IS inter area
        * - candidate default, U - per-user static route, o - ODR
        P - periodic downloaded static route

Gateway of last resort is not set

    100.0.0.0/24 is subnetted, 2 subnets
C       100.10.1.0 is directly connected, Serial2/0
C       100.20.1.0 is directly connected, Serial3/0
    172.16.0.0/24 is subnetted, 2 subnets
S       172.16.1.0 [1/0] via 100.10.1.1
S       172.16.2.0 [1/0] via 100.20.1.2
```

R3 路由表:

```
R3#show ip route
Codes: C - connected, S - static, I - IGRP, R - RIP, M - mobile, B - BGP
       D - EIGRP, EX - EIGRP external, O - OSPF, IA - OSPF inter area
       N1 - OSPF NSSA external type 1, N2 - OSPF NSSA external type 2
       E1 - OSPF external type 1, E2 - OSPF external type 2, E - EGP
       i - IS-IS, L1 - IS-IS level-1, L2 - IS-IS level-2, ia - IS-IS inter area
       * - candidate default, U - per-user static route, o - ODR
       P - periodic downloaded static route

Gateway of last resort is 100.30.1.1 to network 0.0.0.0

    100.0.0.0/24 is subnetted, 2 subnets
C       100.20.1.0 is directly connected, Serial3/0
C       100.30.1.0 is directly connected, Serial2/0
    172.16.0.0/24 is subnetted, 1 subnets
C       172.16.2.0 is directly connected, FastEthernet0/0
S*      0.0.0.0/0 [1/0] via 100.30.1.1
```

STEP3：移除 R1 与 R3 之间的连接线路，启用备用路由（在 R1、R3 路由表中可查看到 AD 值为 5 的默认路由），在 PC1 与 PC2 之间做连通性测试。

2. 基于图 2-4-2 所示拓扑结构和表 2-4-3、表 2-4-4 所示设备信息的网络，使用 RIPv2 配置网络连通性。

全网路由器运行 RIPv2，关闭自动汇总功能，使全网路由可达。

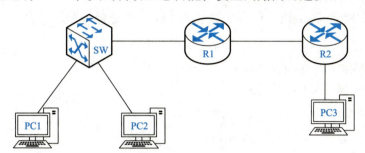

图 2-4-2 拓扑结构

【设备信息】

表 2-4-3 设备端口连接

设备名称	端口	设备名称	端口
SW	Fa0/1	PC1	Fa0
SW	Fa0/2	PC2	Fa0
SW	Fa0/3	R1	Fa0/0
R1	Se2/0	R2	Se2/0
R2	Fa0/0	PC3	Fa0

表 2-4-4 设备端口地址

设备名称	端口	IP 地址
SW	Fa0/1（VLAN 10）	172.16.1.100/24
SW	Fa0/2（VLAN 20）	172.16.2.100/24
SW	Fa0/3	192.168.1.1/24
R1	Fa0/0	192.168.1.2/24
R1	Se2/0	192.168.2.1/24
R2	Se2/0	192.168.2.2/24
R2	Fa0/0	192.168.3.100/24
PC1	NIC	172.16.1.1/24
PC2	NIC	172.16.2.1/24
PC3	NIC	192.168.3.1/24

【解析】

【配置信息】

STEP 1： 根据设备信息修改主机名，配置 IP 地址。

略。

STEP 2: 在路由器中配置 RIPv1。

默认版本为 version 1，故在配置 RIPv1 时不用配置版本。

SW：

SW(config)#router rip

SW(config-router)#net

SW(config-router)#network 172.16.0.0

SW(config-router)#network 192.168.1.0

SW(config-router)#exit

R1：

Router(config)#router rip

Router(config-router)#network 192.168.1.0

Router(config-router)#network 192.168.2.0

Router(config-router)#exit

R2：

R2(config)#router rip

R2(config-router)#network 192.168.2.0

R2(config-router)#network 192.168.3.0

R2(config-router)#exit

【配置验证】

查看各路由器的路由表中是否有全网路由。

查看路由表，可查看到 3 个路由器收到的 RIP 路由条目如下。

SW：

```
R    192.168.2.0/24 [120/1] via 192.168.1.2, 00: 00: 09, FastEthernet0/3
R    192.168.3.0/24 [120/2] via 192.168.1.2, 00: 00: 09, FastEthernet0/3
```

R1：

```
R    172.16.0.0/16 [120/1] via 192.168.1.1, 00: 00: 04, FastEthernet0/0
R    192.168.3.0/24 [120/1] via 192.168.2.2, 00: 00: 04, Serial2/0
```

R2：

```
R    172.16.0.0/16 [120/2] via 192.168.2.1, 00: 00: 13, Serial2/0
R    192.168.1.0/24 [120/1] via 192.168.2.1, 00: 00: 13, Serial2/0
```

通过查看 3 个路由器的路由表，可发现子网 172.16.1.0/24 和 172.16.2.0/24 在 RIPv1 中以有类 IP 网段 172.16.0.0/16 进行传递，在这个网络中 172.16.0.0/16 只有子网 172.16.1.0/24 和 172.16.2.0/24，并同属于三层以太网交换机 SW，不会因为使用子网引起网络故障。

单元 3

接入 WAN 技术

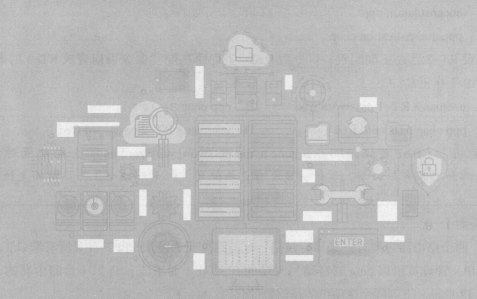

3.1 点到点协议

知识测评

一、选择题

1．下列哪一个 PPP 控制 CHAP 运转？（ ）

A．CDPCP B．IPCP

C．LCP D．IPXCP

【解析】 LCP 的功能就是针对 PAP、CHAP 验证，用于交换用户名和密码以使每台设备能够识别出链路另一端的设备。

【答案】 C

2．假设两个路由器 RT-1 和 RT-2 之间为串口链路。每个路由器清除各自的配置，然后重新加载。RT-1 配置了如下命令。

hostname RT-1

interface s0/0

      encapsulation ppp

      ppp authentication chap

假设 RT-2 已经正确配置，口令为 fred。下列哪些配置命令可以完成 RT-1 的配置，使 CHAP 工作正常？（ ）

A．username RT-1 password fred B．ppp chap

C．ppp chap password fred D．username RT-2 password fred

【解析】 CHAP 验证使用 username name password password name 全局配置对端路由器名称和共享密码口令。该题明显没有正确配置主机名和口令，并且对端主机名是 RT-2。

【答案】 D

3．两个路由器之间有一条串行链路，该链路配置为使用 PPP，并且所有端口正确配置了 RIP。管理员可以 ping 通链路另一端的 IP 地址，而不能 ping 另一台路由器的 LAN 端口的 IP 地址。下列哪个选项可能是问题的起因？（ ）

A．与 CSU/DSU 相连的另一台路由器没有接通电源

B．链路另一端路由器的串行 IP 地址与本地路由器不在一个子网中

C．CHAP 验证失败

D．链接另一端的路由器已经配置为应用 HDLC 协议

【解析】 在一条串口链路的两端都运行正常的 PPP 链路，并且正常开启了 CHAP 验证，两路由器的端口都处于"up and up"状态，如果两个路由器串行端口上配置的 IP 地址属于不同的子网，则端口两端是可以相互 ping 通的，但是无法传递路由。

【答案】 B

4．在串行端口配置 PPP 的 CHAP 验证时，验证方发出的挑战报文不包括下列哪个参数？（　　）

A．随机字符串　　　　　　　　B．挑战用户名

C．挑战算法　　　　　　　　　D．报文 ID

【解析】 CHAP 使用单向散列算法，并且加上一个共享随机数，随机数（也称为随机字符串）在两端的路由器利用口令进行预先配置。串行链路可以传送随机字符串、报文 ID、挑战用户名，但不传送口令。

【答案】 C

5．在 PPP 的 CHAP 验证中，敏感信息以什么形式进行传送？（　　）

A．明文　　　　　　　　　　　B．加密

C．摘要　　　　　　　　　　　D．加密的摘要

【解析】 CHAP 传送消息是随机字符串，随机字符串是以摘要形式进行发送的。

【答案】 C

二、填空题

1．PPP 比 HDLC 协议更安全可靠，这是因为 PPP 支持_____和_____。

【解析】 PPP 提供了口令验证协议（PAP）和挑战握手验证协议（CHAP），而 HDLC 没有提供任何验证协议，因此 PPP 更安全可靠。

【答案】 PAP，CHAP

2．PPP 标志字段的值是_____。（写出二进制形式）

【解析】 标志字段用于帧开头或结尾，由二进制序列"01111110"组成。

【答案】 01111110

3．PPP 由_____、_____、_____3 个部分组成。

【解析】 PPP 的一般组成包括：链路控制协议（LCP）、网络控制协议（NCP）和 PPP 扩展协议族。

【答案】 LCP，NCP，PPP 扩展协议族

4．PPP 分成 3 个子层，分别是_____、_____和 HDLC。

【解析】 在 PPP 中，3 个子层分别是 LCP、NCP 和 HDLC。

【答案】 LCP，NCP

5. PPP 是_____层的协议。

【解析】 PPP 是一种数据链路层协议，可以帮助两台设备通过链路发送数据、进行 PPP 验证等。

【答案】 数据链路

三、判断题

1. PPP 具备差错纠正机制，能确保数据传输正确，是可靠服务。（ ）

【解析】 PPP 是在 SLIP 的基础上开发的，解决了动态 IP 和差错检验问题。PPP 有验证、多链路捆绑、回拨和压缩等功能，但没有纠错能力。

【答案】 错误

2. PPP 比 HDLC 协议复杂。（ ）

【解析】 PPP 和 HDLC 协议都是广域网链路的封装协议，不存在 PPP 更复杂的说法。

【答案】错误

3. PPP 的透明传输采用的方法是零比特插入。（ ）

【解析】 PPP 用在 SONET/SDH 链路中时，使用同步传输。这时 PPP 采用零比特插入方法来实现透明传输。在发送端，只要发现有 5 个连续的 1，则立即填入一个 0。接收端接收数据帧之后，对比特流进行扫描。每当发现 5 个连续的 1 时，就把这 5 个连续的 1 后面的一个 0 删除。

【正确】正确

4. 在 PPP 的数据帧结构中，可以通过协商取消的字段是地址和控制两个字段。（ ）

【解析】 PPP 的数据帧包含 6 个字段，其中地址和控制字段可以协商取消。

【答案】 正确

5. PPP 支持多点线路。（ ）

【解析】 PPP 不支持多点线路（即一个主站轮流和链路上的多个从站进行通信），而只支持点对点的链路通信。

【答案】 错误

四、简答题

1. 简述 PPP 协商流程。

【解析】 PPP 协商流程有 4 个阶段。第一阶段，PPP 进行 LCP 协商；第二阶段，LCP 协商成功之后，进入 Establish（链路建立）阶段；第三阶段，如果配置了 CHAP 或 PAP 验证，便进入 CHAP 或 PAP 验证阶段；第四阶段，进入网络阶段协商（NCP）。

2. 画出 PAP 验证过程示意图。

【解析】 进行 PAP 验证时，主叫路由器一次把用户名和口令通过消息明文发送，实施两次握手，建立连接，如图 3-1-1 所示。

图 3-1-1 PAP 验证过程示意

五、操作题

基于图 3-1-2 所示拓扑结构和表 3-1-1、表 3-1-2 所示设备信息的网络，完成以下要求的配置。

（1）网络设备已经完成主机名修改、IP 地址配置。

（2）配置 RIPv2，实现全网互连互通。

（3）将 R1 与 R2 连接端口封装为 PPP，在 DCE 端配置时钟频率值 6 400。

（4）在路由器 R1 与 R2 之间配置 PAP 双向验证，验证用户名为 user1，口令为 cisco。

（5）测试连通性。

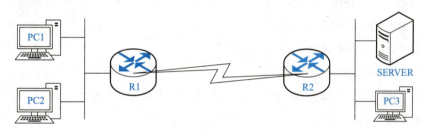

图 3-1-2 串行链路封装双向 PAP 验证示意

【设备信息】

表 3-1-1 设备端口连接

设备名称	端口	设备名称	端口
R1	S0/0/0	R2	S0/0/0
R1	Fa0/0	S1	Fa0/1
R2	Fa0/0	S2	Fa0/1
S1	Fa0/2	PC1	Fa0
S1	Fa0/3	PC2	Fa0
S2	Fa0/2	SERVER	Fa0
S2	Fa0/3	PC3	Fa0

表 3-1-2　设备端口地址

设备名称	端口	IP 地址	网关地址
R1	S0/0/0	192.168.2.1/24	—
R1	Fa0/0	192.168.10.254/24	—
R2	S0/0/0	192.168.2.2/24	—
R2	Fa0/0	192.168.20.254/24	—
PC1	NIC	192.168.10.10/24	192.168.10.254
PC2	NIC	192.168.10.20/24	192.168.10.254
PC3	NIC	192.168.20.10/24	192.168.20.254
SERVER	NIC	192.168.20.100/24	192.168.20.254

【解析】根据题目要求，完成 PAP 双向认证配置如下。

STEP 1: 按题目要求完成路由器 R1 配置。

```
username user1 password cisco
interface Serial0/0/0
    encapsulation ppp
    ppp authentication pap
    clock rate 64000
    ppp pap sent-username user1 password cisco
router rip
    version 2
    no auto-summary
    network 192.168.2.0
    network 192.168.10.0
```

STEP 2: 按题目要求完成路由器 R2 配置。

```
username user1 password cisco
interface Serial0/0/0
    encapsulation ppp
    ppp authentication pap
    ppp pap sent-username user1 password cisco
router rip
    version 2
    no auto-summary
    network 192.168.2.0
    network 192.168.20.0
```

STEP 3: 进行连通性测试。

```
C:\>ping 192.168.20.10
Reply from 192.168.20.10: bytes=32 time=1ms TTL=126
Reply from 192.168.20.10: bytes=32 time=1ms TTL=126
Reply from 192.168.20.10: bytes=32 time=3ms TTL=126
Reply from 192.168.20.10: bytes=32 time=3ms TTL=126
```

为了保证读者的学习效果,编者制作了 PKA 文件,以方便读者自主学习。

3.2 IP 访问控制列表技术

知识测评

一、选择题

1. 若匹配子网 10.1.128.0 中子网掩码为 255.255.255.0 的所有 IP 数据包，下面哪一项通配符掩码是最有效的？（ ）

   A．0.0.0.0　　　　　　　　　　B．0.0.0.31
   C．0.0.0.240　　　　　　　　　D．0.0.0.255

   【解析】 子网掩码为 255.255.255.0，对应的通配符掩码就是 0.0.0.255。

   【答案】 D

2. Barney 是子网 10.1.1.0/24 中的一台主机，IP 地址为 10.1.1.1，下面哪些选项可以配置标准 IPACL？（ ）

   A．匹配准确的源 IP 地址
   B．利用一条 access-list 命令可匹配 10.1.1.1~10.1.1.4 的 IP 地址，但不匹配其他 IP 地址
   C．利用一条 access-list 命令匹配 Barney 所在子网中的所有 IP 地址，但不匹配其他 IP 地址
   D．仅匹配数据包的目的 IP 地址

   【解析】 首先标准 IPACL 只能匹配源 IP 地址，其次对应网络段的匹配必须是一个子网。对于 10.1.1.1~10.1.1.4，若以 10.1.1.0/29 为伪代码，超出了范围。标准 IPACL 可以精整源主机或者源主机的网段。

   【答案】 AC

3. 下列哪一条 access-list 命令与子网 172.16.5.0/25 地址范围内的所有数据包匹配？（ ）

   A．access-list permit 172.16.0.5 0.0.255.0
   B．access-list permit 172.16.4.0 0.0.1.255
   C．access-list permit 172.16.5.0
   D．access-list permit 172.16.5.0 0.0.0.127

   【解析】 子网 172.16.5.0/25 的子网掩码为 255.255.255.128，对应的通配符掩码是 0.0.0.127。

【答案】 D

4. 基于扩展 IP ACL，下面哪些字段不能进行比较？（　　）

A．源 IP 地址　　　　　　　　B．目的 IP 地址

C．TOS 字节　　　　　　　　　D．URL

【解析】 TOS 指的是 IP 数据包报头中服务类型（Type Of Service）内容，占 1 字节；源 IP 地址和目的 IP 地址也是 IP 数据包的内容。URL 不是 IP 数据包报头的内容，因此扩展 IP ACL 不能进行比较。

【答案】 D

5. 某台路由器上配置了如下一条 IP ACL。

acess-list 4 permit 202.38.160.1 0.0.0.255

acess-list 4 deny 202.38.0.0 0.0.255.255

acess-list 4 permitany

下列哪项描述准确？（　　）

A．只禁止源 IP 地址为 202.38.0.0 网段的所有访问

B．只允许目的 IP 地址为 202.38.0.0 网段的所有访问

C．检查源 IP 地址，禁止 202.38.0.0 大网段的主机，但允许其中 202.38.160.0 小网段的主机

D．检查目的 IP 地址，禁止 202.38.0.0 大网段的主机，但允许其中 202.38.160.0 小网段的主机

【解析】 IP ACL 执行原则是从上到下，因此两条语句表述的意思是拒绝除了 202.38.160.0 网段以外的 202.38.0.0 网段。

【答案】 C

二、填空题

1. IP ACL 有两种类型，分别是_____和_____。

【解析】 IP ACL 有两种类型：标准 IP ACL 和扩展 IP ACL。

【答案】 **标准 IP ACL，扩展 IP ACL**

2. IP ACL 配置中，操作符"gt portnumber"表示控制的是_____。

【解析】 gt 表示"大于"。

【答案】 **端口号大于此数字的服务**

3. 标准 IP ACL 的数字标示范围是_____和_____。

【解析】 标准 IP ACL 的编号是：1~99 和 1300~1999。

【答案】 **1~99，1300~1999**

4. 使用_____命令查看路由器上的 IP ACL。

【解析】 在路由器上查看 IP ACL 的命令是 show access-list。

【答案】 show access-list

5. 把配置的 IP ACL 应用到端口的命令是_____。

【解析】 把 IP ACL 应用到接口的命令是 access-group，应用到虚拟终端链路的命令是 access-class。

【答案】 access-group

三、判断题

1. 放置扩展 IP ACL 的一般原则是尽可能靠近源网络来过滤数据包。　　　（　　）

【解析】 标准 IP ACL 尽量靠近目的网络过滤数据包，扩展 IP ACL 则尽量靠近源网络过滤数据包。

【答案】 正确

2. access-list 100 deny icmp 10.1.10.10 0.0.255.255 any host-unreachable 表示禁止从 10.1.0.0/16 网段来的所有主机不可达报文。　　　（　　）

【解析】 host-unreachable 的意思是无法连接主机。

【答案】 正确

3. 如果在一个端口上使用了 access group 命令，但没有创建相应的 IP ACL，在此端口将不允许数据包进站（in）和出站（out）。　　　（　　）

【解析】 没有创建 IP ACL，在端口上启用 access-group 无效。

【答案】 错误

4. 100～199 是扩展 IP ACL 的数字标识范围。　　　（　　）

【解析】 标准 IP ACL 的编号是：1~99 和 1300~1999；扩展 IP ACL 的编号是：100~199 和 2000~2699。

【答案】 正确

5. 路由器 IP ACL 默认的过滤模式是允许所有。　　　（　　）

【解析】 路由器 IP ACL 默认的过滤模式是拒绝所有。

【答案】 错误

四、简答题

1. 简述 IP ACL 的作用。

【解析】 （1）IP ACL 可以限制网络流量、提高网络性能。例如，IP ACL 可以根据数据包的协议，指定数据包的优先级。

（2）IP ACL 提供对通信流量的控制手段。例如，IP ACL 可以限定或简化路由更新信息的长度，从而限制通过路由器某一网段的通信流量。

（3）IP ACL 是提供网络安全访问的基本手段。IP ACL 允许主机 A 访问人力资源网络，而拒绝主机 B 访问。

（4）IP ACL 可以在路由器端口处决定哪种类型的通信流量被转发或被阻塞。例如，用户可以允许 E-mail 通信流量被路由，拒绝所有的 Telnet 通信流量。

2．简述 IP ACL 的 3P 原则。

【解析】（1）IP ACL 的一般规则包含每种协议（per protocol）、每个方向（per direction）、每个端口（per interface）配置一个 IP ACL。

（2）每种协议用一个 IP ACL 控制端口上的流量，必须为端口启用的每种协议定义相应的 IP ACL。

（3）在每个方向一个 IP ACL 只能控制端口上一个方向的流量。要控制入站流量和出站流量，必须分别定义两个 IP ACL。

（4）在每个端口一个 IP ACL 只能控制一个端口上的流量。

五、操作题

基于图 3-2-1 所示拓扑结构及表 3-2-1、表 3-2-2 所示设备信息的网络，其现已实现全网互连互通。按照以下要求完成扩展 IP ACL 配置。

（1）禁止 Sam 访问 Bugs 或 Daffy。

（2）禁止 R3 以太网上的主机访问 R2 以太网上的主机。

（3）允许其余任意组合方式。

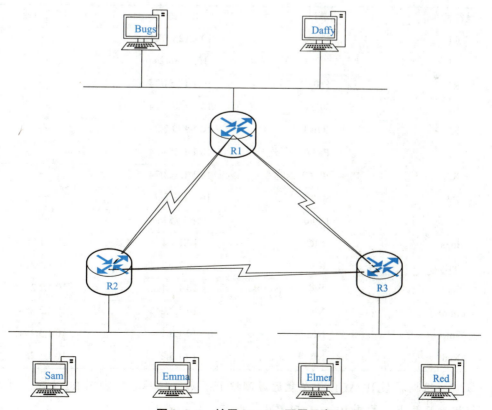

图 3-2-1　扩展 IP ACL 配置示意

【设备信息】

表 3-2-1　设备端口连接

设备名称	端口	设备名称	端口
R1	S0/0/0	R2	S0/0/0
R1	S0/0/1	R3	S0/0/0
R1	Fa0/0	S1	Fa0/1
R2	S0/0/1	R3	S0/0/1
R2	Fa0/0	S2	Fa0/1
R3	Fa0/0	S3	Fa0/1
S1	Fa0/2	Bugs	Fa0
S1	Fa0/3	Daffy	Fa0
S2	Fa0/2	Sam	Fa0
S2	Fa0/3	Emma	Fa0
S3	Fa0/2	Elmer	Fa0
S3	Fa0/3	Red	Fa0

表 3-2-2　设备端口地址

设备名称	端口	IP 地址	网关地址
R1	S0/0/0	10.1.128.1/24	—
R1	S0/0/1	10.1.130/24	—
R1	Fa0/0	10.1.1.254/24	—
R2	S0/0/0	10.1.128.2/24	—
R2	S0/0/1	10.1.129.2/24	—
R2	Fa0/0	10.1.2.254/24	—
R3	S0/0/0	10.1.130.3/24	—
R3	S0/0/1	10.1.129.3/24	—
R3	Fa0/0	10.1.3.254/24	—
Bugs	NIC	10.1.1.1	10.1.1.254
Daffy	NIC	10.1.1.2	10.1.1.254
Sam	NIC	10.1.2.1	10.1.2.254
Emma	NIC	10.1.2.2	10.1.2.254
Elmer	NIC	10.1.3.1	10.1.3.254
Red	NIC	10.1.3.2	10.1.3.254

【解析】　根据扩展 IP ACL 放在靠近源网络的原则,选择在路由器 R2 上配置扩展 IP ACL。根据题目要求,扩展 IP ACL 配置内容如下:

```
ip access-list extended exACL
    deny ip host 10.1.2.1 10.1.1.0 0.0.0.255
    deny ip 10.1.2.0 0.0.0.255 10.1.3.0 0.0.0.255
    permit ip any any
interface FastEthernet0/0
    ip access-group exACL in
```
配置完成之后,测试效果完全符合题目要求。

为了配合读者练习,编者制作了 PKA 文件,以方便读者自主学习。

3.3 扩展 IP 地址空间

知识测评

一、选择题

1. CIDR 的全称是（　　）。
   A. Classful IP Default Routing
   B. Classful IP D-class Routing
   C. Classful Interdoming Routing
   D. Classful IP Default Routing

【解析】 CIDR 指的是五类域间路由选择，英文全称为 Classful Interdoming Routing。

【答案】 C

2. 使用动态 NAT 仅为内部 IP 地址提供转换，下列哪种情况会引发创建 NAT 表条目？（　　）。
   A. 从内部网络到外部网络的第一个数据包
   B. 从外部网络到内部网络的第一个数据包
   C. 用 ip nat inside source 命令进行配置
   D. 用 ip nat outside source 命令进行配置

【解析】 静态转换是最简单的一种转换方式，它在 NAT 表中为每一个需要转换的内部 IP 地址创建了固定的转换条目，映射了唯一的全局 IP 地址。内部 IP 地址与全局 IP 地址一一对应。每当内部节点与外界通信时，内部 IP 地址就会转化为对应的全局 IP 地址。NAT 表中的条目是路由器出炉数据包时自动形成的。

【答案】 A

3. NAT 配置为转换从网络内部接收的数据包的源 IP 地址，但仅限于由 IP ACL 标识的某些主机，下列哪个命令可以识别这类主机？（　　）
   A. ip nat inside source list 1 pool barney
   B. ip nat pool barney 201.1.1.1 201.1.1.254 netmask 255.255.255.0
   C. ip nat inside
   D. ip nat inside 200.1.1.1 200.1.1.2

【解析】 启用 IP ACL 标识主机的 NAT 配置命令格式为：ip nat inside source list {编号 | 名称} pool 地址池。

【答案】 A

4. 阅读以下配置命令。

```
interfaceEthernet0/0
    ip address 10.1.1.1 255.255.255.0
    ip nat inside
interface serial0/0/0
    ip add 200.1.1.249 255.255.255.252
ip nat inside source list 1 interface serial0/0/0
access-list 1 permit 10.1.1.0 0.0.0.255
```

如果以上配置命令要启动源 NAT 过载，那么以下哪些命令可用于完成配置？（ ）

A．ip nat outside 命令　　　　　B．ip nat pool 命令

C．overload 关键字　　　　　　D．ip nat pat 命令

【解析】 从 NAT 配置基本步骤可以发现，上述配置命令漏了指定出口和关键字 overload。

【答案】 AC

5. 下列哪个选项是 2001：0000：0000：0100：0000：0000：0000：0123 最短的有效缩写？（ ）

A．2001：：100：：123　　　　　B．2001：：1：：123

C．2001：：100：0：0：0：123　　D．2001：0：0：100：：123

【解析】 IPv6 地址中两处有一个或多个全 0 的 4 个字节时，可以选择其中一处使用"：：" 缩写，不能两处同时使用，一般选择全 0 多的位置进行缩写。

【答案】 D

二、填空题

1. NAPT 主要对数据包的_____和_____信息进行转换。

【解析】 NAPT 是指 Network Address Port/Protocol Translation（网络地址端口/协议转换）。其协议规范为 RFC2766［网络地址转换－协议转换（NAT-PT）］，转换内容主要是端口信息。端口属于传输层，但在使用时会将 IP 地址一同转换，IP 地址属于网络层。

【答案】 网络层，传输层

2. 在思科路由器上使用_____命令可以清除 NAT 转换表项。

【解析】 本题目考核的是 NAT 的命令内容。clear ip nat translation 命令表示清除 NAT 转换表项。

【答案】 clear ip nat translation

3. 在思科设备上，NAT 表项中动态转换条目失效时间默认是_____h。

【解析】 本题目考核对 NAT 应用的熟练程度。在默认情况下 NAT 表项动态转换条目保持 24 h。

【答案】 24

4．在 NAT 配置中，指定外部端口的命令是_____。

【解析】 在 NAT 配置中，指定内部端口配置的命令为 ip nat inside，指定外部端口配置的命令为 ip nat outside。

【答案】 ip nat outside

5．NAT 的功能就是将_____IP 地址转换成_____IP 地址，从而连接到公共网络。

【解析】 NAT 的最重要功能就是将私有 IP 地址转换为公有 IP 地址。

【答案】 私有，公有

三、判断题

1．在配置完 NAPT 后，发现有些内部 IP 地址始终可以 ping 通外网，有些则始终不能，可能的原因是 IP ACL 设置不正确。　　　　　　　　　　　　　　　　　　　　(　　)

【解析】 注意关键词"有些"和"始终"，这说明 NAT 配置生效了，而且不是随机问题。可能的原因是能访问外网的 IP 地址匹配了 IP ACL，而不能访问外网的 IP 地址没有匹配 IP ACL。

【答案】 正确

2．NAT 设备的公网 IP 地址是通过 ADSL 由运营商动态分配的，可以使用静态 NAT 实现。　　　　　　　　　　　　　　　　　　　　　　　　　　　　　　　(　　)

【解析】 静态 NAT 是一一映射的 IP 地址转换，不存在动态分配问题。

【答案】 错误

3．NAT 的作用是将 IP 地址转换为域名。　　　　　　　　　　　　　　　　　　(　　)

【解析】 将 IP 地址转换为域名是 DNS 的作用，NAT 的作用是将私有 IP 地址转换为合法 IP 地址。

【答案】 错误

4．二层以太网交换机支持 NAT 功能。　　　　　　　　　　　　　　　　　　　(　　)

【解析】 NAT 工作在网络层和传输层，不是工作在数据链路层。

【答案】 错误

5．"inside global"地址在 NAT 配置中表示一个内部的主机外部 IP 地址。

【解析】 NAT 的地址有4种类型：①inside local（内部本地地址）：私有地址；②inside global（内部全局地址）：NAT 转换的全球唯一标示的公有 IP 地址；③outside local（外部本地地址）：外部网络的某台主机拥有的分配给该主机的 IP 地址；④outside global（外部全局地址）：外部网络中的主机所对应的 IP 地址。

【答案】 正确

四、简述题

1. 简述 NAT 的优点。

【解析】 NAT（Network Address Translation，网络地址转换）是于 1994 年提出的。当在专用网内部的一些主机本来已经分配到了本地 IP 地址（即仅在本专用网内使用的专用 IP 地址），但又想和 Internet 上的主机通信（并不需要加密）时，可使用 NAT 方法。其主要优点如下。

（1）节省合法的注册地址；

（2）在地址重叠时提供解决方案；

（3）提高连接到 Internet 的灵活性；

（4）在网络发生变化时避免重新编址。

2. 简述 NAT 与 NAPT 的区别。

【解析】 NAT 与 NAPT 都是地址转换，区别在于 NAT 是一对一转换，NAPT 是多对一转换。NAPT 与 NAT 的区别在于，NAPT 不仅转换 IP 包中的 IP 地址，还对 IP 包中 TCP 和 UDP 的端口进行转换。这使多台私有网主机利用 1 个 NAT 公共 IP 地址就可以同时和公共网进行通信。

五、操作题

基于图 3-3-1 所示拓扑结构和表 3-3-1、表 3-3-2 所示设备信息的网络，请完成以下要求的配置。

（1）设备已经正确配置主机名、IP 地址。

（2）路由器 R1 配置 NAPT，虚拟外网 IP 地址为 209.1.1.1/24。

（3）应用相关技术，实现内部区域的 PC1 和 PC2 所在网络可以访问 Internet。

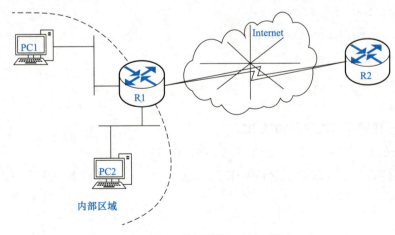

图 3-3-1 虚拟网络 NAT 配置

【设备信息】

表 3-3-1 设备端口连接

设备名称	端口	设备名称	端口
R1	S0/0/0	R2	S0/0/0
R1	Fa0/0	S1	Fa0/1
R1	Fa0/1	S2	Fa0/1
S1	Fa0/2	PC1	Fa0
S2	Fa0/2	PC2	Fa0

表 3-3-2 设备端口地址

设备名称	端口	IP 地址	网关地址
R1	S0/0/0	200.1.1.1/28	—
R1	Fa0/0	192.168.10.254	—
R1	Fa0/1	192.168.20.254	—
R2	S0/0/0	200.1.1.14/28	—
PC1	NIC	192.168.10.10/24	192.168.10.254
PC2	NIC	192.168.20.10/24	192.168.20.254

【解析】

STEP 1: 按照要求配置路由器 R1。

```
ip nat pool pool1 209.1.1.1 209.1.1.1 netmask 255.255.255.0
access-list 1 permit any
ip nat inside source list 1 pool pool1 overload
interface FastEthernet0/0
    ip nat inside
interface FastEthernet0/1
    ip nat inside
interface Serial0/0/0
    ip nat outside
```

STEP 2: 按照要求配置路由器 R2。

```
ip route 209.1.1.0 255.255.255.0 200.1.1.1
```

为了保证读者的学习效果,编者制作了 PKA 文件,以方便读者自主学习。

3.4 单元测试

一、选择题

1. 考虑如下摘抄自一条 show 命令的输出内容。

    Serial0/0/0 is up, line protocol is up (connected)
    Hardware is HD64570
    Internet address is 192.168.2.1/24
    MTU 1500 bytes, BW 1544 Kbit, DLY 20000 usec,
    reliability 255/255, txload 1/255, rxload 1/255
    Encapsulation PPP, loopback not set, keepalive set (10 sec)
    LCP Open
    Open: IPCP, CDPCP

   其对应路由器的 S0/0/0 端口，下列哪些选项是正确的？（ ）

   A. 该端口正在采用 HDLC 协议

   B. 该端口正在采用 PPP

   C. 该端口目前无法传递 IPv4 通信数据

   D. 此时该链路应能传送 PPP 帧

   【解析】 从输出内容可以看出，端口和链路协议都是 up 的，封装协议是 PPP、LCP、IPCP、CDPCP，它们都是开启的，因此可以传送 PPP 帧。

   【答案】 BD

2. 使用 show interface 命令在端口上配置使用 PPP，考虑如下摘抄自该命令的输出内容。

    Serial0/0/0 is up, line protocol is down (disabled)
    Hardware is HD64570
    Internet address is 192.168.2.1/24

   ping 链路另一端的 IP 地址失败。假定下列选项列出的问题仅与链路有关，那么下列哪些选项是 ping 失败的原因？（ ）

   A. 与 CSD/DSU 相连的另一台路由没接电源

   B. 链路另一端路由器的 IP 地址不在子网 192.168.2.0/24 中

   C. CHAP 验证失败

   D. 链路另一端路由器已配置为使用 HDLC 协议

【解析】 端口 UP，协议 down 说明电源是正常的。串口链路两端封装协议配置正确，不同网段之间也可以连通。串口链路两端若封装协议不一致，将导致协议状态为 down。

【答案】 CD

3. 配置如下两条 IP ACL。

  access-list 1 permit 10.110.10.1 0.0.255.255
  access-list 2 permit 10.110.100.100 0.0.255.255

访问 IP ACL1 和 2，所控制的 IP 地址范围关系是（ ）。

 A. 1 和 2 的 IP 地址范围相同 B. 1 的范围在 2 的范围内
 C. 2 的范围在 1 的范围内 D. 1 和 2 的范围没有包含关系

【解析】 10.110.10.1 0.0.255.255 与 10.110.100.100 0.0.255.255 所表示的 IP 地址范围都是 10.110.0.0 0.0.255.255，即 IP 地址范围是相同的。

【答案】 A

4. 下列 IP ACL 的含义是（ ）。
access-list 102 deny udp 129.9.8.10 0.0.0.255 202.38.160.10 0.0.0.255 gt 128

 A. 规则序列号是 102，禁止从 202.38.160.0/24 网段的主机到 129.9.8.0/24 网段的主机使用端口号大于 128 的 UDP 进行连接
 B. 规则序列号是 102，禁止从 202.38.160.0/24 网段的主机到 129.9.8.0/24 网段的主机使用端口号小于 128 的 UDP 进行连接
 C. 规则序列号是 102，禁止从 129.9.8.0/24 网段的主机到 202.38.160.0/24 网段的主机使用端口号小于 128 的 UDP 进行连接
 D. 规则序列号是 102，禁止从 129.9.8.0/24 网段的主机到 202.38.160.0/24 网段的主机使用端口号大于 128 的 UDP 进行连接

【解析】 deny 表示"禁止"或"拒绝"，源 IP 地址是 129.9.8.0 0.0.0.255，目的 IP 地址是 202.38.160.0 0.0.0.255，gt 表示"大于"。

【答案】 D

5. 在 IP ACL 中地址和子网掩码为 168.18.64.0 0.0.3.255 表示 IP 地址范围是（ ）。
 A. 168.18.67.0~168.18.70.255 B. 168.18.64.0~168.18.67.255
 C. 168.18.63.0~168.18.64.255 D. 168.18.64.255~168.18.67.255

【解析】 168.18.64.0 0.0.3.255 表示 IP 地址为 168.18.64.0/22，IP 地址范围为 168.18.64.0~168.18.67.255。

【答案】 B

6. 下列哪一个汇总子网所表示的路由能实现创建 CIDR 来缩小 Internet 路由表规模的目的?（ ）
 A. 10.0.0.0 255.255.255.0 B. 10.1.0.0 255.255.0.0

C. 200.1.1.0 255.255.255.0　　　　D. 200.1.0.0 255.255.0.0

【解析】 CIDR 使 Internet 路由器（任何符合 CIDR 规范的路由器）更有效地汇总路由信息。换句话说，路由表中的一个路由项可以表示许多网络地址空间。这就大大减小了在任何互连网络中所需路由表的大小，能使网络具有更好的可扩展性。200.1.0.0 是 C 类网络，默认的网络地址是 24 位，而 200.1.0.0 255.255.0.0 表示网络地址是 16 位，可以缩小路由表的规模。

【答案】 D

7. 根据 RFC1918 的定义，下列哪些选择项不是私有 IP 地址？（　　）
   A. 172.16.31.1　　　　　　　　B. 172.33.1.1
   C. 10.255.1.1　　　　　　　　D. 10.1.255.1

【解析】 本题目考查私有 IP 地址的知识点。私有 IP 地址的范围分别如下。A 类地址范围：10.0.0.0～10.255.255.255；B 类地址范围：172.16.0.0～172.31.255.555；C 类地址范围：192.168.0.0～192.168.255.255。

【答案】 B

8. 使用静态 NAT 仅为内部 IP 地址提供转换服务，下列哪种情况会引发创建 NAT 表条目（　　）。
   A. 从内部网络到外部网络的第一个数据包
   B. 从外部网络到内部网络的第一个数据包
   C. 用 ip nat inside source 命令进行配置
   D. 用 ip nat outside source 命令进行配置

【解析】 静态 NAT 是最简单的一种转换方式，它在 NAT 表中为每一个需要转换的内部 IP 地址创建了固定的转换条目，映射了唯一的全局 IP 地址。内部 IP 地址与全局 IP 地址一一对应。每当内部节点与外界通信时，内部 IP 地址就会转化为对应的全局 IP 地址。NAT 表条目是通过手动配置的方式添加进去的。

【答案】 C

9. NAT 配置为转换从网络内部接收到的数据包的源 IP 地址，但仅限于某些主机。以下哪个命令能识别这类转换后的外部本地 IP 地址？（　　）
   A. ip nat inside source list 1 pool barney
   B. ip nat pool barney 201.1.1.1 201.1.1.254 netmask 255.255.255.0
   C. ip nat inside
   D. ip nat inside 200.1.1.1 200.1.1.2

【解析】 ip nat pool address-pool start-address end-address {netmask mask |prefix-length prefix-length} 的作用是定义 IP 地址池，包含所有外部本地 IP 地址。

【答案】 B

10. 分析在配置了动态 NAT 路由器上使用 show 命令的如下输出内容。
    --inside Source

```
access-list 1 pool fred refcount 2288
pool fred: netmask 255.255.255.240
    start 200.1.1.1 end 200.1.1.7
    type generic, total addresses 7, allocated 7(100%), misses 965
```

此时用户抱怨无法接入 Internet，下列哪个选项最有可能是引起该问题的原因？（ ）

A．根据输出信息，该故障与 NAT 无关

B．NAT 池没有足够的条目满足所有请求

C 不能使用标准 IP ACL，必须使用扩展 IP ACL

D．输出信息不足以确定问题原因

【解析】 type generic，total addresses 7，allocated 7(100%)，misses 965 明显反映了 IP 地址不足，原有的 7 个 IP 地址全部被使用了，还有 965 个无法连接。

【答案】 B

二、填空题

1．数据同步的两种方式是_____和_____。

【解析】 数据传输（data transmission）的同步技术有异步传输、同步传输两种。数据传输，就是依照适当的规程，经过一条或多条链路，在数据源和数据宿之间传送数据的过程。它也表示借助信道上的信号将数据从一处送往另一处的操作。数据传输可以方便地实现远程文件和多媒体信息的传输。大多数传输信道具有带通传输特性，基带信号不能通过。采用调制方法把基带信号调制到信道带宽范围内进行传输，接收端通过解调方法还原出基带信号的方式，称为频带传输。这种方式可实现远距离的数据通信，例如利用电话网可实现全国或全球范围内的数据通信。

【答案】 同步传输，异步传输

2．同步数据传输的两种同步方式是_____和_____。

【解析】 同步数据传输有两种同步方式：字符同步和帧同步。同步数据传输一般采用帧同步。接收端从收到的数据码流中正确区分发送的字符，必须建立位定时同步和帧同步。位定时同步又叫作比特同步，其作用是使接收端的位定时时钟信号和收到的输入信号同步，以便从接收的信息流中正确识别一个个信号码元，产生接收数据序列。

【答案】 面向字符的传输，面向位的传输

3．DTE 是连接的设备，而 DCE 是_____。

【解析】 DCE（Data Communication Equipment）是一种数据通信设备，指在通信系统中提供建立、保持和终止连接等功能的设备，例如调制解调器。在计算机数据通信中，DCE 使用 RS-232C 端口，此端口可以使调制解调器和其他设备与计算机交换数据。因此，DCE 是服务提供商。

【答案】 服务提供商

4. PPP 主要有两种验证方式，它们是_____和_____。

【解析】 PPP 支持两种验证方式：PAP 和 CHAP。PAP 验证是简单验证方式，采用明文传输，验证只在开始连接时进行。CHAP 验证是要求握手验证方式，安全性较高，采用密文传送用户名。主验方和被验方两边都有数据库。要求双方的用户名互为对方的主机名，即本端的用户名等于对端的主机名，且密码相同。

【答案】 PAP，CHAP

5. IP ACL 可以过滤_____和_____路由器端口的数据包流量。

【解析】 IP ACL 可以对进站和出站流量进行过滤。

【答案】 进站，出站

三、判断题

1. CHAP 的安全性比 PAP 高。（　　）

【解析】 CHAP 每次使用不同的询问消息，每个询问消息都是不可预测的唯一的值。CHAP 不直接传送密码，只传送一个不可预测的询问消息，以及该询问消息与密码经过 MD5 运算后的哈希值。因此，CHAP 可以防止再生攻击，CHAP 的安全性比 PAP 高。

【答案】 正确

2. 标准 IP ACL 只以数据包的源 IP 地址作为判断是否允许传输的条件。（　　）

【解析】 标准 IP ACL 的语法格式是 access-list 编号 deny|permit 源 IP 地址

【答案】 正确

3. 访问控制列表 access-list 100 permit ip 129.38.1.1 0.0.255.255 202.38.5.2 0 的含义是允许主机 202.38.5.2 访问网络 129.38.0.0。（　　）

【解析】 题目中的访问控制列表是扩展 IP ACL，129.38.1.1 0.0.255.255 是源 IP 地址，202.38.5.2 是目的 IP 地址，访问控制列表表达的意思是源 IP 地址允许访问目的 IP 地址。

【答案】 错误

4. ipv6 unicast-routing 命令表示启动 IPv6 路由。（　　）

【解析】 执行 ipv6 unicast-routing 命令之后，路由器才能启动路由恳求和通告功能。

【答案】 正确

5. NAT 的地址只有 2 种类型，即内部本地地址和外部全局地址。（　　）

【解析】 NAT 的地址有 4 种类型：内部本地地址、内部全局地址、外部本地地址、外部全局地址。

【答案】 错误

四、简答题

1. 画出 CHAP 验证过程示意图。

【解析】 进行 CHAP 验证时，则由等待拨号路由器发起挑战，实施 3 次握手，建立连接，如图 3-4-1 所示。

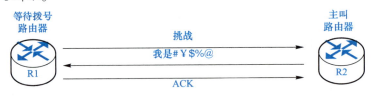

图 3-4-1 CHAP 验证过程示意图

2．请简述 PPP 的主要特征。

【解析】 点到点协议（Point-to-Point Protocol，PPP）是为在同等单元之间传输数据包这样的简单链路设计的链路层协议。PPP 提供了一种在点对点的链路上封装多协议数据报（IP、IPX 和 AppleTalk）的标准方法。它具有以下特性：能够控制数据链路的建立；能够对 IP 地址进行分配和使用；允许同时采用多种网络层协议；能够配置和测试数据链路；能够进行错误检测；支持身份验证；有协商选项，能够对网络层的 IP 地址和数据压缩等进行协商。

3．简述 PPP 会话的建立过程。

【解析】 PPP 会话的建立分为 3 个过程。

（1）链路创建阶段。在该阶段对基本的通信方式进行选择。链路两端设备通过 LCP 向对方发送配置信息报文。一旦一个配置成功信息包被发送且被接收，就完成了交换，进入 LCP 开启状态。

（2）认证阶段。在该阶段用户将自己的身份发送给远端的接入服务器，在认证链路时可以使用 CHAP 和 PAP。在该阶段，只有链路控制协议、认证协议和链路质量监视协议的包是被允许的，接收到的其他包都被丢弃。

（3）调用网络层协议阶段。认证阶段结束之后，PPP 使用在链路创建阶段选定的各种网络控制协议（NCP），封装成多种网络层协议并在 PPP 数据链路上发送。每个网络层协议都和 NCP 建立服务关系。

4．试比较 PAP 和 CHAP 的优、缺点。

【解析】 密码验证协议（Password Authentication Protocol，PAP）通过两次握手机制，为建立远程节点的验证提供了一个简单的方法。PAP 不是一种健壮的身份验证协议。身份验证信息在链路上以明文发送，而且验证重试的频率和次数由远程节点来控制，因此 PAP 不能防止回放攻击和重复的尝试攻击。

挑战握手验证协议（Challenge Hand Authentication Protocol，CHAP）使用 3 次握手机制来启动一条链路并周期性地验证远程节点。其具有较高的安全性，但其占用链路的带宽。

5．简要阐述 IP ACL 的基本原理、功能与局限性。

【解析】 （1）基本原理。IP ACL 使用包过滤技术，在路由器上读取第三层及第四层包头中的信息，如源 IP 地址、目的 IP 地址、源端口、目的端口等，根据预先定义的规则对包进行过滤，从而达到访问控制的目的。

（2）功能。网络中的节点分为资源节点和用户节点两大类，其中资源节点提供服务或数据，用户节点访问资源节点所提供的服务与数据。IP ACL 的主要功能就是一方面保护资源节点，阻止非法用户对资源节点的访问，另一方面限制特定的用户节点所具备的访问权限。

在配置 IP ACL 的过程中，应当遵循如下两个基本原则。

①最小特权原则：只给受控对象完成任务所必须的最小的权限。

②最靠近受控对象原则：对所有的网络层访问权限进行控制。

（3）局限性。由于 IP ACL 是使用包过滤技术实现的，过滤的依据又仅是第三层和第四层包头中的部分信息，所以这种技术具有一些固有的局限性，如无法识别具体的人、无法识别应用内部的权限级别等。因此，要达到 end to end 的权限控制目的，需要和系统级及应用级的访问权限控制结合使用。

五、操作题

1. 某网络的拓扑结构如图 3-4-2 所示，设备信息如表 3-4-1 和表 3-4-2 所示。路由器 RA 的串口 S0/0/0 端连接路由器 RB 的 S0/0/0 端口（路由器 RA 的 S0/0/0 端口提供时钟同步）。两个路由器连接 2 个以太网。

根据以上信息，完成网络设备的端口配置，配置 RIPv2 实现全网互连互通，在 RA 与 RB 的串行链路上配置双向 PAP 验证（用户名及密码均为 cisco），在 RA 与 RB 的串行链路上配置双向 CHAP 验证（认证密码均为 class）。

图 3-4-2　双向 PAP+CHAP 验证示意

【设备信息】

表 3-4-1　设备端口连接

设备名称	端口	设备名称	端口
RA	S0/0/0	RB	S0/0/0
RA	Fa0/0	S1	Fa0/1
RB	Fa0/0	S2	Fa0/1
S1	Fa0/2	PC1	Fa0
S2	Fa0/2	PC2	Fa0

表 3-4-2　设备端口地址

设备名称	端口	IP 地址	网关地址
RA	S0/0/0	192.168.12.1/24	—
RA	Fa0/0	192.168.10.1/24	—
RB	S0/0/0	192.168.12.2/24	—

续表

设备名称	端口	IP 地址	网关地址
RB	Fa0/0	192.168.20.1/24	—
PC1	NIC	192.168.10.10/24	192.168.10.1
PC2	NIC	192.168.20.10/24	192.168.20.1

【解析】

STEP 1: 按照题目要求，路由器 RA 配置如下。

```
username RB password 0 class
username cisco password 0 cisco
!
interface FastEthernet0/0
    ip address 192.168.10.1 255.255.255.0
!
interface Serial0/0/0
    ip address 192.168.12.1 255.255.255.0
    encapsulation ppp
    ppp authentication pap chap
    ppp pap sent-username cisco password 0 cisco
    clock rate 64000
!
router rip
    version 2
    network 192.168.10.0
    network 192.168.12.0
    no auto-summary
```

STEP 2: 按照题目要求，路由器 RB 配置如下。

```
username RA password 0 class
username cisco password 0 cisco
!
interface FastEthernet0/0
    ip address 192.168.20.1 255.255.255.0
!
interface Serial0/0/0
    ip address 192.168.12.2 255.255.255.0
    encapsulation ppp
```

```
    ppp authentication pap chap
    ppp pap sent-username cisco password 0 cisco
!
router rip
    version 2
    network 192.168.12.0
    network 192.168.20.0
    no auto-summary
```

为了配合读者练习，编者制作了 PKA 文件，以方便读者自主学习。

2. 基于图 3-4-3 所示拓扑结构及表 3-4-3、表 3-4-4 所示设备信息的网络，现已实现全网互连互通，请完成以下要求的配置。

（1）只允许主机 PC1 访问路由器 R3 的 Telnet 服务。

（2）远程登录用户名（cisco）和密码存储在 RADIUS 服务器中。

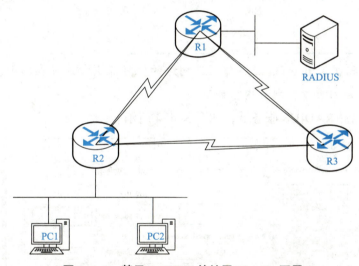

图 3-4-3　基于 RADIUS 的扩展 IP ACL 配置

【设备信息】

表 3-4-3　设备端口连接

设备名称	端口	设备名称	端口
R1	S0/0/0	R2	S0/0/0
R1	S0/0/1	R3	S0/0/0
R1	Fa0/0	RADIUS	Fa0
R2	S0/0/1	R3	S0/0/1
R2	Fa0/0	S1	Fa0/1
S1	Fa0/2	PC1	Fa0
S1	Fa0/3	PC2	Fa0

表 3-4-4 设备端口地址

设备名称	端口	IP 地址	网关地址
R1	S0/0/0	10.1.128.1/24	—
R1	S0/0/1	10.1.130/24	—
R1	Fa0/0	10.1.1.254/24	—
R2	S0/0/0	10.1.128.2/24	—
R2	S0/0/1	10.1.129.2/24	—
R2	Fa0/0	10.1.2.254/24	—
R3	S0/0/0	10.1.130.3/24	—
R3	S0/0/1	10.1.129.3/24	—
RADIUS	NIC	10.1.1.1	10.1.1.254
PC1	NIC	10.1.2.1	10.1.2.254
PC2	NIC	10.1.2.2	10.1.2.254

【解析】 根据扩展 IP ACL 放在靠近源网络的位置原则，选择在路由器 R2 上配置扩展 IP ACL。根据题目要求，配置内容如下。

STEP 1： 配置 RADIUS 服务器，如图 3-4-4 所示。

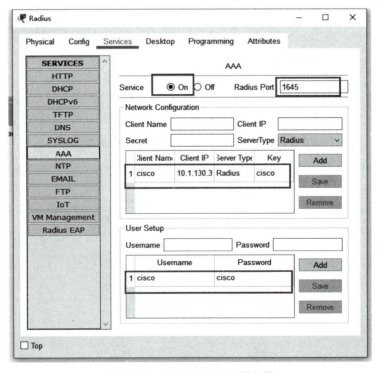

图 3-4-4 配置 RADIUS 服务器

STEP 2: 路由器 R3 配置 AAA。

```
aaa new-model
aaa authentication login default group radius local-case
aaa authentication enable default group radius local-case
radius-server host 10.1.1.1 auth-port 1645 key cisco
line vty 0 4
    login authentication default
```

STEP 3: 路由器 R2 配置扩展 IP ACL。

```
access-list 101 permit tcp host 10.1.2.1 host 10.1.130.3 eq telnet
access-list 101 permit tcp host 10.1.2.1 host 10.1.129.3 eq telnet
interface FastEthernet0/0
    ip access-group 101 in
```

配置完成之后，测试效果完全符合题目要求。

为了配合读者练习，编者制作了 PKA 文件，以方便读者自主学习。

3. 拓扑结构如图 3-4-5 所示，设备信息如表 3-4-5 和表 3-4-6 所示。网络功能要求如下。

（1）网络设备 IP 地址、路由配置基本完成，后续根据要求在路由器上补充完善，实现全部功能。

（2）为了保障数据传输安全，外网的 WAN 链路采用 CHAP 双向认证。

（3）信息部经理可以访问公司所有资源。

（4）边界路由器 R1 和 R2 开启 Telnet 功能。

（5）信息部员工不能访问外网，但可以访问网络中心服务器。

（6）人事部员工可以访问外网，但不能访问网络中心服务器。

（7）WWW 服务器和 FTP 服务器分别映射到 201.1.1.3，WWW 服务器同时承担域名解析功能，访问域名分别是 www.abc.com 和 ftp.abc.com。

（8）信息部经理通过静态 NAT 访问外网，IP 地址为 201.1.1.13。

（9）人事部通过 PAT 技术访问外网，IP 地址为 201.1.1.2。

（10）郑州办事处通过 PAT 技术访问外网，采用端口 IP 地址。

（11）所涉及的用户名和密码分别为 user01 和 cisco。

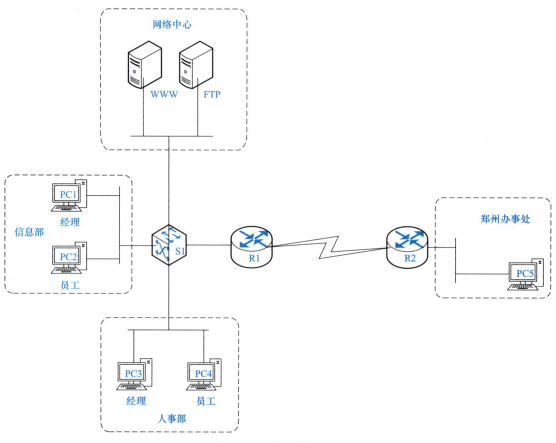

图 3-4-5 综合演练示意

【设备信息】

表 3-4-5 设备端口连接

设备名称	端口	设备名称	端口
R1	S0/0/0	R2	S0/0/0
R1	Fa0/0	S1	Fa0/24
R2	Fa0/0	S5	Fa0/24
S1	Fa0/1	S2	Fa0/1
S1	Fa0/2	S3	Fa0/1
S1	Fa0/3	S4	Fa0/1
S2	Fa0/2	WWW	Fa0
S2	Fa0/3	FTP	Fa0
S3	Fa0/2	PC1（信息部经理）	Fa0
S3	Fa0/3	PC2（信息部员工）	Fa0
S4	Fa0/2	PC3（人事部经理）	Fa0
S4	Fa0/3	PC4（人事部员工）	Fa0
S5	Fa0/1	PC5	Fa0

表 3-4-6　设备端口地址

设备名称	端口	IP 地址	网关地址	DNS
R1	S0/0/0	201.1.1.1/28	#	—
R1	Fa0/0	192.168.12.254/24	#	—
R2	S0/0/0	201.1.1.14/28	#	—
R2	Fa0/0	172.16.1.254/24	#	—
S1	Fa0/1	192.168.12.1/24	#	—
S1	Fa0/2	192.168.10.254/24	#	—
S1	Fa0/3	192.168.20.254/24	#	—
S1	Fa0/4	192.168.30.254/24	#	—
WWW	NIC	192.168.10.100/24	192.168.10.254	—
FTP	NIC	192.168.10.200/24	192.168.10.254	—
PC1	NIC	192.168.20.100/24	192.168.20.254	88.88.88.88
PC2	NIC	192.168.20.10/24	192.168.20.254	88.88.88.88
PC3	NIC	192.168.30.100/24	192.168.30.254	88.88.88.88
PC4	NIC	192.168.30.10/24	192.168.30.254	88.88.88.88
PC5	NIC	172.16.1.10/24	172.16.1.254	88.88.88.88

【解析】

STEP 1: 配置路由器 R1。

```
ip nat inside source static 192.168.20.100 201.1.1.13
ip nat inside source static tcp 192.168.10.100 80 201.1.1.3 80
ip nat inside source static udp 192.168.10.100 53 201.1.1.3 53
ip nat inside source static tcp 192.168.10.200 21 201.1.1.3 21
ip nat inside source static tcp 192.168.10.200 20 201.1.1.3 20
access-list 1 permit 192.168.30.0 0.0.0.255
ip nat pool pool1 201.1.1.2 201.1.1.2 netmask 255.255.255.240
ip nat inside source list 1 pool pool1 overload
interface FastEthernet0/0
    ip nat inside
interface Serial0/0/0
    ip nat outside
router rip
    default-information originate
username R2 password 0 cisco
interface Serial0/0/0
    encapsulation ppp
```

```
        ppp authentication chap
    enable password cisco
    line vty 0 4
        password cisco
        login
```

STEP 2: 配置路由器 R2。

```
    access-list 1 permit any
    ip nat inside source list 1 interface Serial0/0/0 overload
    interface FastEthernet0/0
        ip nat inside
    interface Serial0/0/0
        ip nat outside
    username R1 password 0 cisco
    interface Serial0/0/0
        encapsulation ppp
        ppp authentication chap
    enable password cisco
    line vty 0 4
        password cisco
        login
```

STEP 3: 配置以太网交换机 S1。

```
    ip access-list extended internet
        permit ip host 192.168.20.100 201.1.1.0 0.0.0.15
        deny ip 192.168.20.0 0.0.0.255 201.1.1.0 0.0.0.15
        permit ip 192.168.30.0 0.0.0.255 201.1.1.0 0.0.0.15
        permit ip any any
    ip access-list extended info
        deny ip 192.168.30.0 0.0.0.255 192.168.10.0 0.0.0.255
        permit ip any any
    interface FastEthernet0/1
        ip access-group info out
    interface FastEthernet0/24
        ip access-group internet out
```

配置完成之后，测试效果完全符合题目要求。

为了配合读者练习，编者制作了 PKA 文件，以方便读者自主学习。

单元 4

Windows Server 安装与基础配置

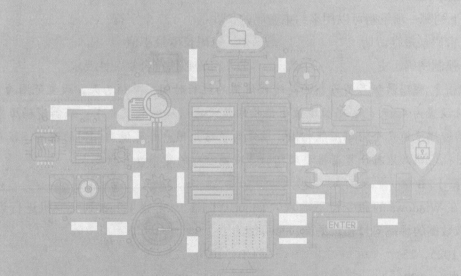

4.1 Windows Server 2008 R2 安装

知识测评

一、选择题

1. 在 NTFS 文件系统下，文件夹的标准权限不包括（ ）。

   A．执行　　　　　　　　　　B．读取

   C．写入　　　　　　　　　　D．完全控制

   【解析】 文件夹的标准权限分为：读取、写入、完全控制，没有执行。

   【答案】 A

2. 在微软公司的 Windows 操作系统中，下面哪个是桌面 PC 操作系统？（ ）

   A．Windows NT Server　　　　B．Windows 2000 Server

   C．Windows Server 2008 R2　　D．Windows 11

   【解析】 Windows NT Server、Windows 2000 Server 和 Windows Server 2008 R2 都是网络操作系统，只有 Windows 11 是桌面 PC 操作系统。

   【答案】 D

3. 下列哪一项策略可以用来约束密码的长度不小于 7 个字符？（ ）

   A．密码最短存留期　　　　　　B．密码长度最小值

   C．强制密码历史　　　　　　　D．密码必须符合复杂性要求

   【解析】 密码最短存留期指的是密码使用的最长时间，单位为天，设置范围为 0~999 天，默认设置为 42 天；密码长度最小值指的是设定密码的长度要求；强制密码历史指的是更改的密码跟前几个密码不能相同，这是为了防止用户一直使用相同的密码，容易被攻击者利用；密码必须符合复杂性要求指的是提高密码的复杂性参数要求。

   【答案】 B

4. 在 Windows 的命令行下输入"telnet10.1.1.1"，希望 Telnet 到交换机进行远程管理，则该数据的源端口号和目的端口号可能为（ ）。

   A．1025，25　　　　　　　　B．1024，23

   C．231，022　　　　　　　　D．211，025

   【解析】 Telnet 服务器默认端口是 23。用 Telnet 访问网络设备，目标端口应该设为 23。

   【答案】 B

5. 下面哪个方案是由于受 HTTP 头信息长度的限制，仅能存储小部分的用户信息？( )

  A．基于 Cookie 的 Session 共享 B．基于数据库的 Session 共享
  C．基于 Mem Cache 的 Session 共享 D．基于 Web 的 Session 共享

【解析】 基于 Cookie 的 Session 共享由于受 HTTP 头信息长度的限制，仅能够存储小部分的用户信息，同时 Cookie 的 Session 内容需要进行安全加解密。

【答案】 A

二、填空题

1. Windows Server 2008 R2 企业版的用途是_____。

【解析】 企业版是标准版之上的一个版本，该操作系统平台为关键业务工作负载提供更具成本效益且可靠的支持。它还为虚拟化、节能和管理性提供创新功能，并且帮助移动的工作人员更容易地访问公司资源。

【答案】 用于大型企业和单位

2. 目前主流的网络操作系统有 Windows、_____、_____。

【解析】 目前主流的网络操作系统有：Windows、Linux、UNIX。

【答案】 Linux，UNIX

3. 操作系统的 3 个作用分别是_____、向用户提供各种服务、扩展硬件机器。

【解析】 操作系统的 3 个作用是：作为资源的管理者、向用户提供各种服务、扩展硬件机器。

【答案】 作为资源的管理者

4. 使用_____命令可以将 FAT 分区转换为 NTFS 分区。

【解析】 convert 是 Windows 2000/XP 附带的一个 DOS 命令行程序，通过这个工具可以直接在不破坏 FAT 文件系统的前提下，将 FAT 分区转换为 NTFS 分区，也就是通常所说的无损转换分区。

【答案】 convert

5. 在 MBR 分区格式中，基本磁盘最多有_____个主分区。

【解析】 MBR 分区格式有 3 种类型：主分区、扩展分区和逻辑驱动器。主分区是可设置为引导，用于安装操作系统的分区，一般只建立 1 个，最多可建立 4 个；划分磁盘时原则上除主分区以外的其他分区都被划为扩展分区，同时会占据一个主分区的数额，扩展分区不能直接用于数据存储，需要建立逻辑驱动器用于存储数据；在扩展分区中可建立多个逻辑驱动器，原则上只要剩余盘符足够就可以划分，逻辑驱动器用于数据存储，不能设置为活动，即无法直接从该驱动器启动系统。

【答案】 4

三、判断题

1. 封装性、隔离性、兼容性、独立于硬件是虚拟机的优势。（ ）

【解析】 虚拟主机具有封装性、独立性、隔离性、兼容性，且独立于硬件。

【答案】 正确

2. Windows Server 2008 R2 的数据中心版是核心版本。（ ）

【解析】 Windows Server 2008 R2 的 7 个版本中有 3 个是核心版本，还有 4 个是特定用途版本。核心版本包含标准版、企业版和基础版，特定用途版本包含数据中心版、Web版、HPC 版和安腾版。

【答案】 错误

3. 在 VMware Workstation Pro 中，网络连接选择桥接模式，可以自动获得 IP 地址。（ ）

【解析】 虚拟机在桥接模式网络中必须具有自己的标识。例如，在 TCP/IP 网络中，虚拟机需要有自己的 IP 地址，无法自动获取 IP 地址。网络管理员可以告诉用户是否有 IP 地址可供虚拟机使用，以及在客户机操作系统中要使用哪些网络连接设置。

【答案】 错误

4. SUS 不仅可以用于 Windows 的关键更新，还可以用于 Office 更新。（ ）

【解析】 目前 SUS 只能给客户端提供 Windows 操作系统和 IE 浏览器的关键更新和操作系统的 Service Pack，还不能为 Office 或者其他微软软件提供更新服务，而且所有的更新活动都是通过 Windows 后台自动进行的，不需要任何人干预，非常方便。

【答案】 错误

5. Windows Servre 2008 R2 终端服务远程管理模式只允许两个并发连接，且不可使用同一个账号。（ ）

【解析】 Windows Servre 2008 R2 终端服务远程管理模式只允许两个并发连接，且不可以使用同一个账号，退出终端连接时，单击窗口上的关闭按钮和选择"开始"→"关机"→"注销"命令是一样的。

【答案】 正确

四、简答题

1. VMware Workstation 的虚拟机性能与裸机服务器的性能相同吗？

【解析】 二者的性能相同，但建议在虚拟机内安装 VMware Tools（VMware 工具），可通过"VMware Workstation"→"虚拟机"选项安装。

2. 简述数据备份的 3 种方法。

【解析】（1）完全备份：备份全部选中的文件夹，并不依赖文件的存档属性来确定备份哪些文件。在备份过程中，任何现有的标记都被清除，每个文件都被标记为已备份。

（2）差异备份：差异备份是针对完全备份的，即备份上一次的完全备份后发生变化的所有文件。在差异备份过程中，只备份有标记的那些被选中的文件和文件夹。它不清除标记。

（3）增量备份：增量备份针对上一次备份所有发生变化的文件。在增量备份过程中，只备份有标记的被选中的文件和文件夹。

五、操作题

基于图 4-1-1 所示拓扑结构和表 4-1-1 所示设备信息的网络，安装 LAN 区段 2 的虚拟机 3，测试其与虚拟机 1 的连通性，完成以下要求的 Windows Server 2008 R2 部署。

（1）在 VMware Workstation Pro 平台完成数据中心系统安装。

（2）设置网络连接为 LAN 区段，区段名称为"LAN 区段 2"。

（3）虚拟机配置单 CUP，每个处理器内核数量为 2 个，内存设置为 4GB，硬盘大小为 40GB。

（4）系统密码设置为 Pass1234。

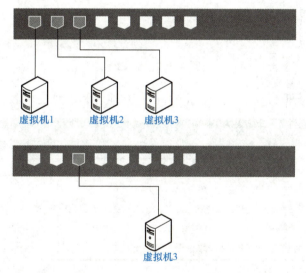

图 4-1-1　基于 LAN 区段 2 的虚拟机部署

【设备信息】

表 4-1-1　设备端口连接

设备名称	端口	IP 地址	备注
虚拟机 3（Win2008S3）	虚拟机网络适配器（NIC）	10.1.1.130/24	需要先创建 LAN 区段，区段名称为"LAN 区段 2"

【解析】

根据题目要求，配置过程如下。

STEP 1： 创建 LAN 区段，部署虚拟机 3 的安装环境，如图 4-1-2 所示。

图 4-1-2　STEP1

STEP 2： 完成虚拟机 3 的安装，正确配置 IP 地址和修改主机名，如图 4-1-3 所示。

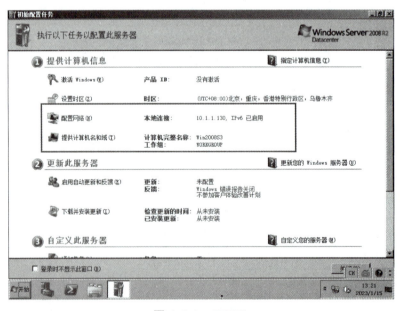

图 4-1-3　STEP2

STEP 3： 在 Win2008S3 的高级安全 Windows 防火墙的入站规则中，启用"文件和打印机共享（回显请求 -ICMPv4-in）"，如图 4-1-4 所示。

单元 4　Windows Server 安装与基础配置

图 4-1-4　STEP3

STEP 4： 测试连通性，如图 4-1-5 所示。

图 4-1-5　STEP4

不同 LAN 区段之间是物理隔离的，因此无法连接。

4.2 Windows Server 常用 Shell 命令入门

知识测评

一、选择题

1. 使用下面何种管理工具对各种管理单元进行集中管理？（　　）

   A．控制面板　　　　　　　　　B．添加/删除程序
   C．MMC　　　　　　　　　　　D．计算机管理

   【解析】 "mmc.exe"是系统管理程序的一个框架程序，其全称是 Microsoft Management Console，它提供给扩展名为 MSC 的管理程序一个运行的平台，比如组策略、系统清单、任务管理器、打印管理、本地安全策略等。另外本进程也可能同时运行两个或多个。

   【答案】 C

2. 防火墙的功能不包含（　　）。

   A．限制内部信息的泄露　　　　B．强制安全策略
   C．记录 Internet 活动　　　　　D．防止病毒入侵

   【解析】 防火墙的功能主要在于及时发现并处理计算机网络运行时可能存在的安全风险、数据传输等问题，其中处理措施包括隔离与保护，同时可对计算机网络安全中的各项操作实施记录与检测，以确保计算机网络运行的安全性，保障用户资料与信息的完整性，为用户提供更好、更安全的计算机网络使用体验。

   【答案】 D

3. 你是一台 Windows Server 2008 R2 计算机的系统管理员，该计算机处于工作组中，现在你需要查看这台计算机的安全账户数据库文件，该文件的物理路径是（　　）。

   A．`%systemdrive%\system\config`

   B．`%systemdrive%\system32\config`

   C．`%systemroot%\system32\config`

   D．`%systemroot%\system\config`

   【解析】 应用程序日志、安全日志、系统日志、DNS 日志默认位置为 %systemroot%\system32\config，默认文件大小为 512KB，系统管理员可以改变默认文件大小。

   （1）安全日志：`%systemroot%\system32\config\SecEvent.EVT`；

   （2）系统日志：`%systemroot%\system32\config\SysEvent.EVT`；

   （3）应用程序日志：`%systemroot%\system32\config\AppEvent.EVT`；

   （4）DNS 日志：`%systemroot%\system32\config\DnsEvent.EVT`。

在事件查看器中，用鼠标右键单击应用程序查看属性可以得到日志文件存放的路径，并可修改日志文件的大小及清除日志文件。

【答案】 C

4. 如果要限制用户过多地占用磁盘空间，应当（ ）。

A. 设置文件加密　　　　　　　　B. 设置数据压缩

C. 设置动态存储　　　　　　　　D. 设置磁盘配额

【解析】 磁盘配额简单来说就是用来限制若干用户使用磁盘空间的一种功能。举个简单的例子，系统内部有一个名为 A 的用户，如果系统管理员在 E 盘中启动磁盘配额，设置 A 用户在 E 盘中的磁盘配额在 20MB 以下，那么当 A 用户把文件存放在 E 盘后，文件一旦大于 20MB，计算机就会自动发出警告，E 盘内的文件就无法再写入。

【答案】 D

5. 将回收站中的文件还原时，被还原的文件将回到（ ）。

A. 我的文档　　　　　　　　　　B. 内存中

C. 被删除的位置　　　　　　　　D. 桌面上

【解析】 将回收站中的文件还原时，被还原的文件将回到原来被删除时的位置。在回收站内选择需要恢复的文件，在文件菜单中选择"还原"命令，即可恢复被删除的文件。回收站是一个特殊的文件夹，默认在每个硬盘分区根目录下的"RECYCLER"文件夹中，而且是隐藏的。

【答案】 C

二、填空题

1. 鼠标是 Windows 环境中的一种重要的_____设备。

【解析】 计算机中常见的输入设备有：键盘、鼠标、摄像头、扫描仪、光笔、手写输入板、游戏杆、语音输入装置等。

【答案】 输入

2. 某用户的需求如下：每周星期一需要正常备份，在一周的其他天只希望备份从上一天到目前为止发生变化的文件和文件夹。该用户应该选择的备份类型为_____。

【解析】 增量备份是备份的一个类型，是指在一次全备份或上一次增量备份后，以后每次只需要备份与前一次相比增加或者被修改的文件。

【答案】 增量备份

3. 操作系统是一种系统软件，是用户和_____的接口。

【解析】 操作系统（Operating System，OS）是一组主管并控制计算机操作、运用和运行硬件、软件资源和提供公共服务来组织用户交互的相互关联的系统软件程序。

【答案】 计算机

4. 操作系统启动之后，默认设置为客户端每隔 90~120min 便会重新应用组策略，如果想立即应用组策略，可以输入命令_____。

【解析】 Windows 服务器默认每 90min 更新一次安全性设置，而在域控制器则 5min 更新一次。如果要强迫更新，就需要执行强制更新命令 GPUPDATE。

【答案】 GPUPDATE

5. RAID 5 又称为_____卷。

【解析】 RAID 5 是一种存储性能、数据安全和存储成本兼顾的存储解决方案。RAID 5 可以理解为 RAID 0 和 RAID 1 的折中方案。RAID 5 可以为系统提供数据安全保障，但保障程度比 Mirror 低而磁盘空间利用率要比 Mirror 高。RAID 5 具有和 RAID 0 相近的数据读取速度，只是多了一个奇偶校验信息，写入数据的速度比对单个磁盘进行写入操作稍慢。同时，由于多个数据对应一个奇偶校验信息，RAID 5 的磁盘空间利用率比 RAID 1 高，存储成本相对较低，是运用较多的一种解决方案

【答案】 带奇偶校验的带区

三、判断题

1. 如果 RAID 5 卷集有 5 个 10GB 硬盘，则需要 10GB 存放奇偶性信息。　　（　　）

【解析】 RAID 5 采用 3 块以上（含 3 块）硬盘做一个阵列，当中两块硬盘是实际容量，还有一块硬盘备用，3 块硬盘中若损坏一块，支持在线更换，而数据不丢失。3 块硬盘是起步配置，可以是 N 块硬盘，不管有几块硬盘，其实际容量都是（N–1）块硬盘容量。

【答案】 正确

2. Windows Server 2008 R2 支持 ext2 文件系统。　　（　　）

【解析】 ext2 是 Linux 内核所用的文件系统，Windows 不支持该文件系统。

【答案】 错误

3. 若 10.1.1.1 是一个可 ping 通的 IP 地址，ping –t 10.1.1.1 表示会一致 ping 该地址。（　　）

【解析】 参数 –t 表示一直 ping 指定的计算机，直到中断。

【答案】 正确

4. 在 Windows Server 2008 R2 中，Web 服务的默认端口号是 80，FTP 服务的端口号是 20、21。　　（　　）

【解析】 HTTP 的默认端口号是 80，FTP 的控制端口号是 21，数据端口号是 20。

【答案】 正确

5. NetBEUI 协议是可路由协议。　　（　　）

【解析】 NetBEUI 协议是一种短小精悍、通信效率高的广播型协议，安装后不需要进行设置，特别适合在"网络邻居"中传送数据，但不是可路由协议。

【答案】 错误

四、简答题

1. 简述 NTFS 文件系统的权限与基本规则。

【解析】（1）权限具有继承性。权限的继承性就是下级文件夹的权限设置在未重新设置之前继承其上一级文件夹的权限设置。

（2）权限是累加的。当一个用户属于多个组的时候，这个用户会得到各个组的累加权限。

（3）权限的拒绝。用户的所有权限中如果有一项拒绝，则以这个拒绝为准。

2．NTFS 与 FAT 相比有哪些优点？

【解析】NTFS 格式可以解压 4GB 以上的文件；NTFS 格式文件的碎片很少，也很好清理；在 DOS 下可以进入 NTFS 硬盘，并且可以很好地规划硬盘的权限和配额，相比 FAT 提高了安全性，支持快照功能。

五、操作题

基于图 4-2-1 所示拓扑结构和表 4-2-1 所示设备信息的网络，完成以下要求的 Windows Server 2008 R2 的安装和部署。

（1）在 VMware Workstation Pro 平台完成 3 台数据中心系统的安装。

（2）建立两个 LAN 区段，分别是 LAN 区段 1 和 LAN 区段 2。

（3）所有虚拟机配置单 CUP，内存设置为 4GB，硬盘大小为 40GB。

（4）虚拟机 RTR 的两块网络适配器分别选择 LAN 区段 1 和 LAN 区段 2。

（5）系统密码设置为 Pass1234。

（6）实现虚拟机 1 和虚拟机 2 的互连互通。

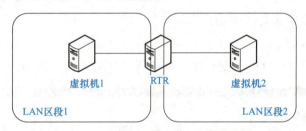

图 4-2-1　Windows 服务器跨区段连通性测试

【设备信息】

表 4-2-1　设备端口连接

设备名称	端口	IP 地址	网关地址
虚拟机 1（Win2008D1）	虚拟机网络适配器（NIC）	172.16.1.10/24	172.16.1.1
虚拟机 2（Win2008D2）	虚拟机网络适配器（NIC）	172.16.2.10/24	172.16.2.1
虚拟机（RTR）	NIC 1	172.16.1.1/24	—
	NIC 2	172.16.2.1/24	—

【解析】

STEP 1: 安装 3 台虚拟机。

STEP 2: 配置 IP 地址，修改虚拟机名称。

（1）为 Win2008D1 配置 IP 地址。

`NETSH Interface ipv4 Set Address 本地连接 Static 172.16.1.10 255.255.255.0 172.16.1.1`

（2）为 Win2008D2 配置 IP 地址。

`NETSH Interface ipv4 Set Address 本地连接 Static 172.16.2.10 255.255.255.0 172.16.2.1`

（3）为 RTR 配置 IP 地址。

`NETSH Interface ipv4 Set Address 本地连接 Static 172.16.1.1 255.255.255.0`

`NETSH Interface ipv4 Set Address "本地连接2" Static 172.16.1.1 255.255.255.0`

（4）修改 Win2008D1 主机名。

`NETDO Mrenamecomputer \\. /newname:Win2008D1 /reboot:0 /force`

（5）修改 Win2008D2 主机名。

`NETDO Mrenamecomputer \\. /newname:Win2008D2 /reboot:0 /force`

（6）修改 RTR 主机名。

`NETDO Mrenamecomputer \\. /newname:RTR /reboot:0 /force`

STEP 3: 3 台虚拟机都关闭防火墙。

`NETSH advfirewall set allprofiles state off`

STEP 4: 在虚拟机 RTR 中安装路由服务器，如图 4-2-2 所示。

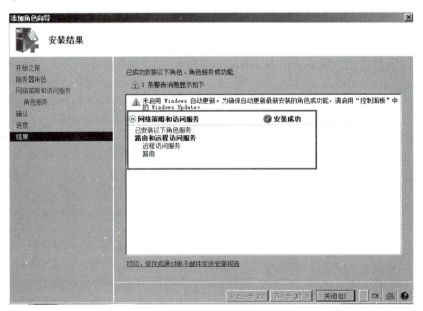

图 4-2-2　STEP 4

STEP 5: 在虚拟机 RTR 中启用路由协议，如图 4-2-3~图 4-2-5 所示。

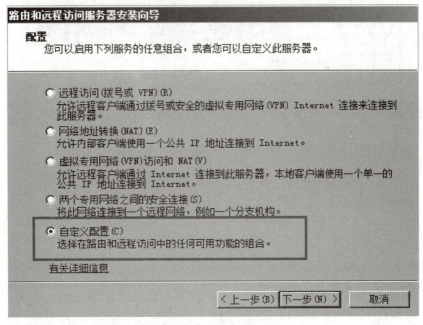

图 4-2-3　STEP 5（1）

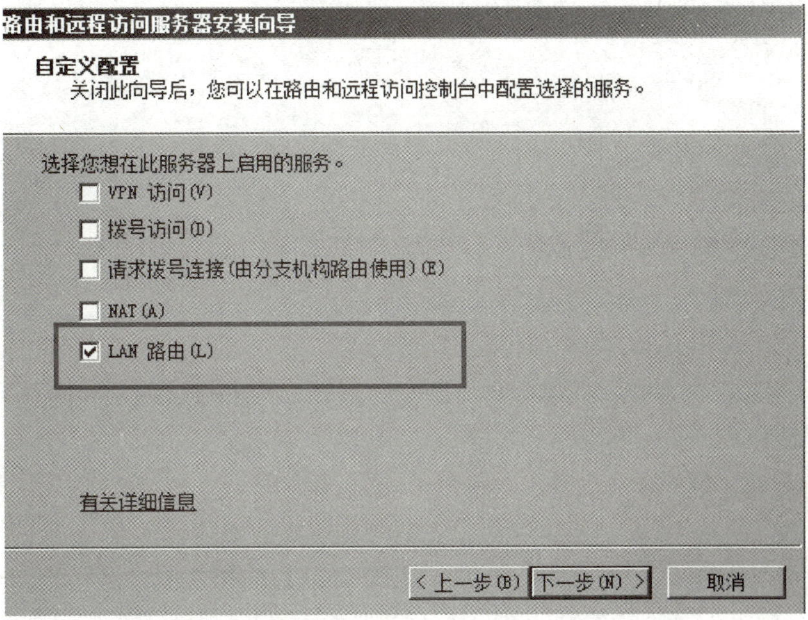

图 4-2-4　STEP 5（2）

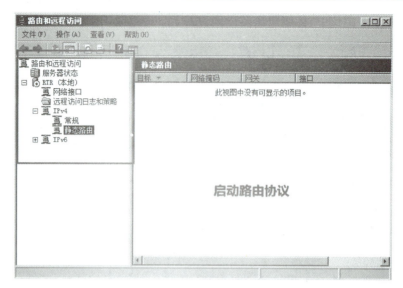

图 4-2-5　STEP 5（3）

STEP 6： 分别在虚拟机中配置路由。

（1）在虚拟机 Win2008D1 中配置路由。

Route ADD -p 172.16.2.0 mask 255.255.255.0 172.16.1.1

（2）在虚拟机 Win2008D2 中配置路由。

Route ADD -p 172.16.1.0 mask 255.255.255.0 172.16.2.1

 **4.3 单元测试**

一、选择题

1. 下列哪个是组织单位的缩写？（ ）
   A. CN　　　　　　　　　　B. OU
   C. DC　　　　　　　　　　D. LADP

   【解析】 OU：组织单位；AD：活动目录；DL：插楼；CU：控制单位。

   【答案】 B

2. 你是一台 Windows Server 2008 R2 计算机的系统管理员，你在一个 NTFS 分区上为一个文件夹设置了 NTFS 权限，当你把这个文件夹复制到本分区的另一个文件夹下时，该文件夹的 NTFS 权限是（ ）。

   A. 继承目标文件夹的 NTFS 权限
   B. 原有 NTFS 权限和目标文件的 NTFS 权限的集合
   C. 保留原有 NTFS 权限
   D. 没有 NTFS 权限，需要管理员重新分配

   【解析】 在企业中当对某一个文件夹或者分区做了权限设置之后，对其进行迁移不仅是简单的对文件夹或者分区进行复制、移动，还要涉及 NTFS 权限的复制和移动。需要注意以下 4 点：
   （1）在同一分区内移动：保持原有权限；
   （2）在同一分区内复制：继承目标分区或文件夹的权限；
   （3）在不同分区内移动：继承目标分区或文件夹的权限；
   （4）在不同分区内复制：继承目标分区或文件夹的权限。

   【答案】 A

3. 你是一台 Windows Server 2008 R2 计算机的系统管理员，出于安全性的考虑，你希望使用这台计算机的用户账号在设置密码时不能重复前 5 次的密码，应该采取的措施是（ ）。

   A. 设置计算机本地安全策略中的密码策略，设置"强制密码历史"的值为 5
   B. 设置计算机本地安全策略中的安全选项，设置"账户锁定时间"的值为 5
   C. 设置计算机本地安全策略中的密码策略，设置"密码最长存留期"的值为 5
   D. 制定一个行政规定，要求用户不得使用前 5 次的密码

【解析】 强制密码历史指的是更改的密码跟前几个密码不能相同，这是为了防止用户一直使用相同的密码，容易被攻击者利用。

【答案】 A

4．如果希望 Windows Server 2008 R2 计算机提供资源共享，必须安装（　　）。

A．服务器　　　　　　　　　　B．网络服务

C．服务组件　　　　　　　　　D．协议组件

【解析】 网络服务，是指一些在网络上运行的、面向服务的、基于分布式程序的软件模块。网络服务采用 HTTP 和 XML（标准通用标记语言的子集）等互联网通用标准，使人们可以在不同的地方通过不同的终端设备访问 Web 上的数据，如网上订票、查看订座情况。网络服务在电子商务、电子政务、公司业务流程电子化等应用领域有广泛的应用。

【答案】 B

5．在计算机的内置组中，Power Users 组的管理功能有（　　）。

A．可以管理 administrators 组的成员

B．可以共享计算机上的文件夹

C．具有创建用户账户和组账户的权利

D．对计算机有完全控制权限

【解析】 Power Users 是 Windows 中的一个用户组。其权限高于 Users 组，低于 Administrators 组。Power Users 组拥有以下权限。

（1）除了 Windows 认证的应用程序外，还可以运行一些旧版应用程序。

（2）安装不修改操作系统文件并且不需要安装系统服务的应用程序。

（3）自定义系统资源，包括打印机、日期／时间、电源选项和其他控制面板资源。

（4）创建和管理本地用户账户和组。

（5）启动或停止在默认情况下不启动的服务。

（6）Power Users 组不具有将自己添加到 Administrators 组的权限。PowerUsers 组不能访问 NTFS 卷上的其他用户资料，除非它们获得了这些用户的授权。

（7）变相取得管理员权限。

【答案】 BC

二、填空题

1．默认 FTP 开放的是＿＿＿＿＿＿＿端口。

【解析】 完成一个 FTP 的传输过程不仅需要 21 号一个端口，而是 2 个端口。21 号端口只是一个命令端口，另外还有一个数据端口，即 20 号端口。

【答案】 21

2．RAID1 又称为＿＿＿＿＿＿＿卷。

【解析】 RAID1 通过磁盘数据镜像实现数据冗余，在成对的独立磁盘上产生互为备份

的数据。当原始数据繁忙时，可直接从镜像拷贝中读取数据，因此 RAID 1 可以提高读取性能。RAID 1 是磁盘阵列中单位成本最高的，但提供了很高的数据安全性和可用性。当一个磁盘失效时，系统可以自动切换到镜像磁盘上读写，而不需要重组失效的数据。

【答案】 镜像

3．共享权限分为完全控制、更改和_____。

【解析】 共享权限分为完全控制、更改、读取。

【答案】 读取

4．系统管理员的用户名为_____。

【解析】 Windows 系列系统使用"Administrator"用户名作为系统默认的管理员。

【答案】 Administrator

5．在 Windows 中用户用来组织和操作文件和目录的工具是_____。

【解析】 资源管理器一般指文件资源管理器。文件资源管理器是一项系统服务，负责管理数据库、持续消息队列或事务性文件系统中的持久性或持续性数据。资源管理器存储数据并执行故障恢复。旧版本的 Windows 把"文件资源管理器"叫作"资源管理器"。

【答案】 资源管理器

三、判断题

1．基于 VMware Workstation Pro 平台，可以在同一服务器上同时运行多台虚拟机。（ ）

【解析】 在一台主机上同时运行多台虚拟机，是 VMware Workstation Pro 平台的主要功能之一。

【答案】 正确

2．可以把 Windows XP 直接升级为 Windows 2008。（ ）

【解析】 从 Windows XP 升级为 Windows 2008，直接导入镜像到硬盘进行安装即可。

【答案】 正确

3．虚拟内存的实质是硬盘空间，对应根下的"pagefiles.sys"文件。（ ）

【解析】 虚拟内存是 Windows 作为内存使用的一部分硬盘空间。虚拟内存在硬盘上其实就是一个硕大无比的文件，文件名是"pagefile.sys"，通常是看不到的，必须关闭资源管理器对系统文件的保护功能才能看到这个文件。

【答案】 正确

4．磁盘限额的配额项既能针对用户设置，也能针对组设置。（ ）

【解析】 磁盘配额只能限制空间容量，不能限制文件的数量，不能对组设置。

【答案】 错误

5．在 Windows Server 2008 R2 中默认的共享权限为 Everyone 完全控制。（ ）

【解析】 在 Windows Server 2008 R2 中默认的共享权限为 Everyone 读取。

【答案】 错误

四、简答题

1. VMware Workstation 可以用于测试病毒上吗？

【解析】 完全可以，因为世界上大量的安全软件厂商都使用 VMware Workstation 进行病毒的分析测试，分析完成后加入在其安全软件产品的病毒库，这样其安全软件产品即可对病毒以及同类型的病毒进行查杀和防御。在用户测试前，强烈建议用户先使用"快照"功能进行快照创建，关闭虚拟机的网络和共享，然后进行测试，测试完成后，一旦恢复快照，虚拟机将恢复到创建快照时的状态。但也请用户注意，用户必须先保证虚拟机在创建快照时为安全状态，否则应删除该虚拟机创建的新虚拟机。

2. 简述动态磁盘管理中 RAID 0、RAID 1、RAID 5 的功能。

【解析】（1）RAID 0 就是把多个（最少 2 个）硬盘合并成 1 个逻辑盘使用，读写数据时对各硬盘同时操作，不同硬盘写入不同数据，速度快。

（2）RAID 1 就是同时对 2 个硬盘读写（同样的数据）。它强调数据的安全性，比较浪费。

（3）RAID 5 就是把多个（最少 3 个）硬盘合并成 1 个逻辑盘使用，读写数据时会建立奇偶校验信息，并且奇偶校验信息和相对应的数据分别存储于不同的硬盘上。

五、操作题

基于图 4-3-1 所示拓扑结构和表 4-3-1 所示设备信息的网络，请完成以下要求的 Windows Server 2008 R2 的安装和部署。

（1）在 VMware Workstation Pro 平台完成 3 台数据中心系统的安装。

（2）建立 3 个 LAN 区段，分别是 LAN 区段 1、LAN 区段 2 和 LAN 区段 3。

（3）所有虚拟机配置双 CUP，内存设置为 4GB，硬盘大小为 40GB。

（4）虚拟机 RTR1 的网络适配器分别选择 LAN 区段 1 和 LAN 区段 3。

（5）虚拟机 RTR2 的网络适配器分别选择 LAN 区段 2 和 LAN 区段 3。

（6）系统密码设置为 Pass1234。

（7）实现虚拟机 1 和虚拟机 2 的互连互通。

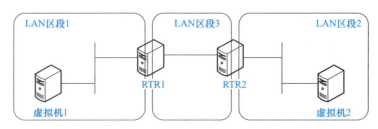

图 4-3-1　Windows 服务器安装及连通性测试

单元 4　Windows Server 安装与基础配置

【设备信息】

表 4-3-1　设备端口连接

设备名称	端口	IP 地址	网关地址
虚拟机 1（Win2008E1）	虚拟机网络适配器（NIC，LAN 区段 1）	192.168.1.10/24	192.168．1.1
虚拟机 2（Win2008E2）	虚拟机网络适配器（NIC，LAN 区段 2）	192.168.2.10/24	192.168．2.1
虚拟机（RTR1）	NIC 1（LAN 区段 1）	192.168.1.1/24	—
	NIC 2（LAN 区段 3）	10.1.1.1/30	—
虚拟机（RTR2）	NIC 1（LAN 区段 2）	192.168.2.1/24	—
	NIC 2（LAN 区段 3）	10.1.1.2/30	—

【解析】

STEP 1： 部署安装环境。如图 4-3-2 所示。

图 4-3-2　STEP 1

STEP 2： 安装虚拟机，如图 4-3-3 所示。

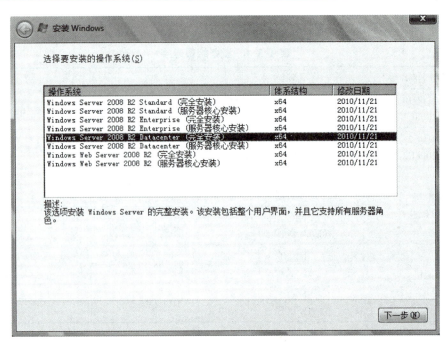

图 4-3-3　STEP 2

STEP 3：配置 IP 地址，修改主机名，如图 4-3-4 所示。

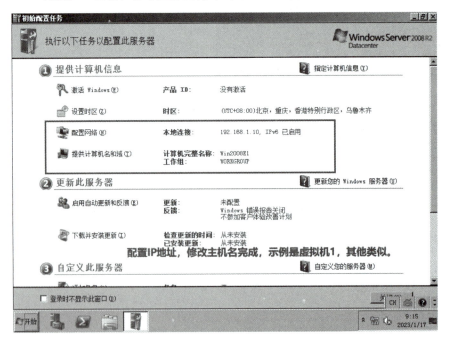

图 4-3-4　STEP 3

STEP 4：在所有虚拟机中开启 ICMP 功能。

netsh firewall set icmpsetting 8

STEP 5：在 RTR1 和 RTR2 系统中安装路由服务器，如图 4-3-5、图 4-3-6 所示。

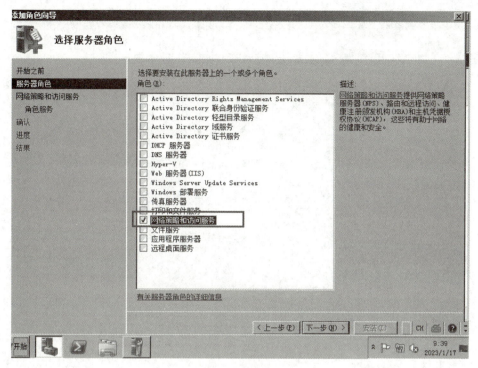

图 4-3-5 STEP 5（1）

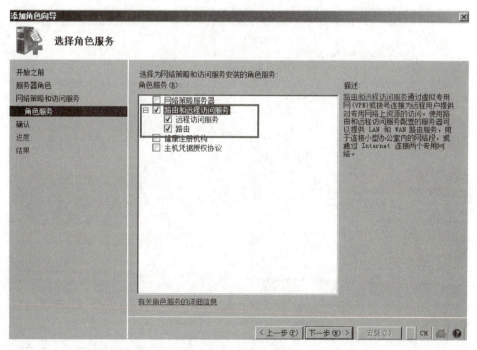

图 4-3-6 STEP 5（2）

STEP 6： 分别在虚拟机 RTR1 和 RTR2 中启用路由，如图 4-3-7~图 4-3-9 所示。

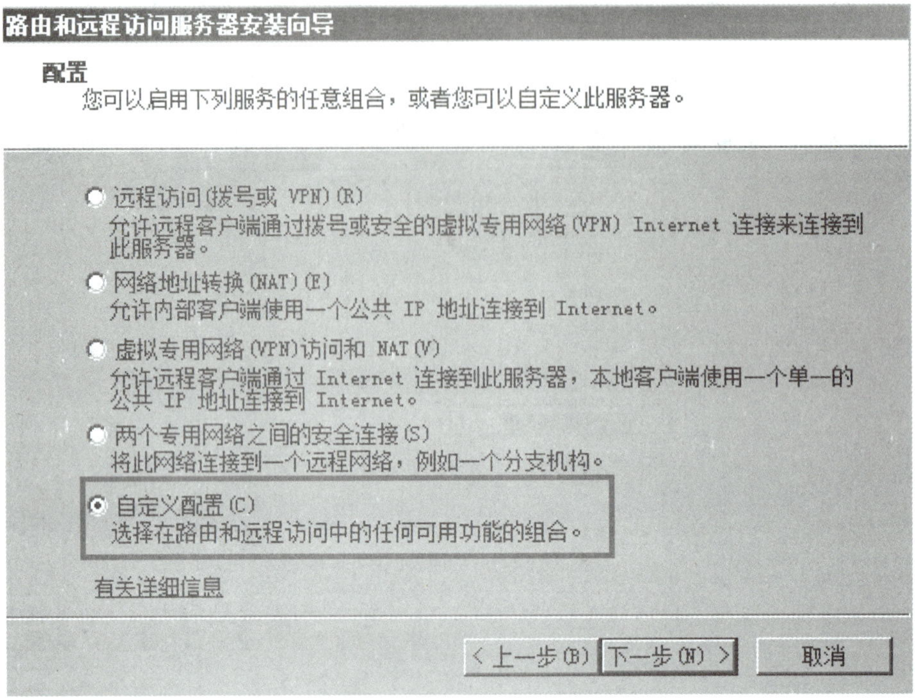

图 4-3-7　STEP 6（1）

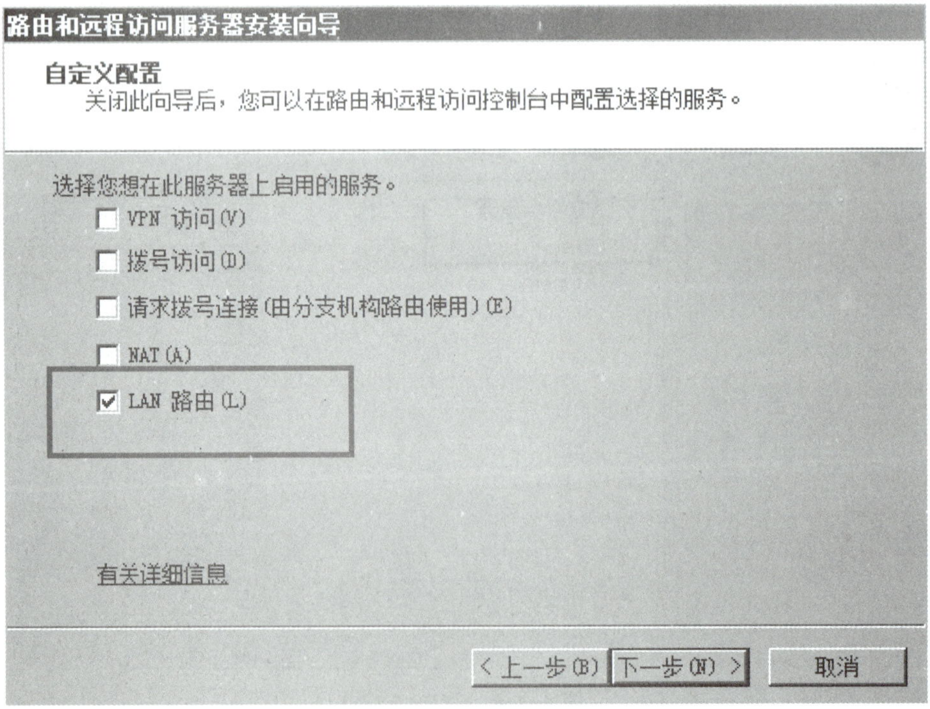

图 4-3-8　STEP 6（2）

单元 4　Windows Server 安装与基础配置

图 4-3-9　STEP 6（3）

STEP 7：分别在虚拟机 RTR1 和 RTR2 中配置静态路由，如图 4-3-10、图 4-3-11 所示。

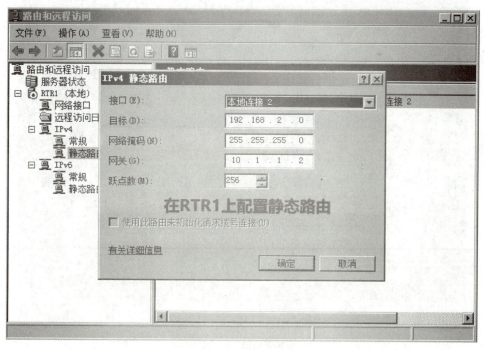

图 4-3-10　STEP 7（1）

121

图 4-3-11　STEP 7（2）

STEP 8： 进行连通性测试，如图 4-3-12 所示。

图 4-3-12　STEP 8

单元 5

Windows Server
域安装与部署

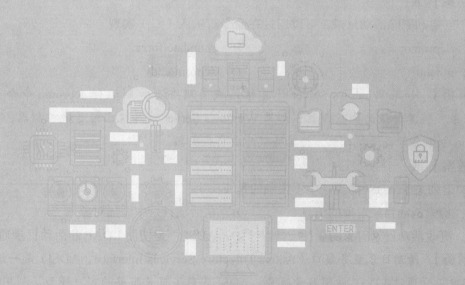

5.1 Windows Server 域服务

知识测评

一、选择题

1. 以下哪个描述是活动目录的作用？（ ）。
   A．方便查找服务器上的文件和目录   B．方便查找客户机上的文件和目录
   C．集中管理 Windows 网络的资源   D．方便管理网络中的交换机和路由器

【解析】 在 Windows Server 网络环境中，活动目录提供组织、管理与控制网络资源的各种功能。

【答案】 C

2. 要使服务器成为域控制器，首先需要在服务器上安装（ ）。
   A．Active Directory 域服务   B．DHCP 服务
   C．DNS 服务   D．WWW 服务

【解析】 服务器成为域控制器之前，必须在"服务器管理器"窗口中选择添加"Active Directory 域服务"。

【答案】 A

3. 创建和删除活动目录，可以通过在命令行输入（ ）实现。
   A．dcpromo   B．gpupdate/force
   C．ntdsutil   D．dcpromo/adv

【解析】 如果 Windows Server 计算机是成员服务器，则运行 dcpromo 命令会安装活动目录，将其升级为域控制器；如果 Windows Server 计算机已经是域控制器，则运行 dcpromo 命令会卸载活动目录，将其降级为成员服务器。

【答案】 A

4. 下列关于 ADSI 的说法中不正确的是（ ）。
   A．检索活动目录对象的信息   B．在活动目录中添加对象
   C．更改活动目录对象的属性   D．ADSI 不是使用 LDAP 和活动目录通信

【解析】 活动目录服务接口（Active Directory Services Interface，ADSI）是一组 COM 接口标准，它通过 LDAP 访问目录服务。ADSI 实现了目录服务的客户模型，利用 ADSI，可以在 Windows 平台上开发目录服务客户应用。

【答案】 D

5. 关于卸载 DC 的做法，以下正确的是（　　）。

A．使用 dcpromo 命令进行卸载

B．使用 ntdsutil 命令进行卸载

C．直接对硬盘进行格式化，不会有任何影响

D．如果域内还有其他 DC，则该 DC 会被降级为独立服务器

【解析】　在常规情况下卸载 DC，输入 dcpromo 命令，再输入本地系统管理员密码，在配置卸载页面上可以看到正在删除 DC、操作主控以及复制伙伴关系。重启之后，便删除了 DC，因此 A 选项正确。ntdsutil 是一个为活动目录提供管理设施的命令行工具，因此 B 选项错误。不能对硬盘进行格式化，这对系统会有一定的影响，因此 C 选项错误。如果该域内还有其他 DC，则该 DC 会降级为成员控制器，因此 D 选项错误。

【答案】　A

二、填空题

1．对于丢失的 DC，需让某台 DC 重启到目录恢复模式，然后在命令行状态下运行_____，根据提示输入相关信息，在数据库里删除该 DC。

【解析】　使用 ntdsutil 命令执行活动目录的数据库维护。

【答案】　ntdsutil 命令

2．如果要在一台计算机上安装活动目录，应该选择_____文件系统。

【解析】　在安装活动目录之前，需要保证磁盘分区的文件系统为 NTFS。活动目录要求必须安装在 NTFS 分区上，如果系统所在分区为 FAT32 格式，可以用 convert c：/fs：ntfs 命令进行转换。

【答案】　NTFS

3．域组件的标识符是_____。

【解析】　域组件（Domain Component）简称 DC。

【答案】　DC

4．目录树中的域通过_____关系连接在一起。

【解析】　信任关系是用于确保一个域的用户可以访问和使用另一个域中的资源的安全机制。

【答案】　信任

5．活动目录架构包括两方面内容：_____。

【解析】　活动目录架构包括对象类和对象属性。对象类用来定义在活动目录中可以创建的目录对象；对象属性用来定义每个对象可以由哪些属性进行标识。

【答案】　对象类和对象属性

三、判断题

1．在"Active Directory 域服务"配置的部署配置中，如果是安装子域的域控制器，

应当选择"在现有林中新建域"命令。				( )

【解析】 创建子域的前提是已经有了"林",需要在"在现有林中新建域",这样这台服务器将成为新域的域控制器。

【答案】 正确

2. 活动目录中可以包含一个或多个域树,可以将已存在的域加入一个域树,也可以将一个已存在的域加入一个域林以方便管理。				( )

【解析】 活动目录中可以包含一个或多个域树。域树具备连续的名字空间,因此已存在的域不能随意加入一个域树,已存在的域也不能随意加入一个域林。

【答案】 错误

3. 如果父域的名字是 ACME.COM,子域的名字是 DAFFY,那么子域的 DNS 全名是 DAFFY.ACME.COM。				( )

【解析】 子域名字放置在父域名字前面,就构成子域的 DNS 全名。

【答案】 正确

4. 活动目录中站点结构的设计主要基于逻辑结构。				( )

【解析】 活动目录中站点结构的设计是基于物理结构。

【答案】 错误

5. 域是 Windows Server 2008 活动目录逻辑结构的核心单元。				( )

【解析】 域既是 Windows 网络操作系统的逻辑组织单元,也是 Internet 的逻辑组织单元,在 Windows 网络操作系统中,域是安全边界,是活动目录逻辑结构的核心单元。

【答案】 正确

四、简答题

1. 简述域控制器的概念。

【解析】 域控制器是实际存储活动目录的地方,用来进行用户登录进程管理、验证和目录搜索的任务。一个域中可以有一台或者多台域控制器。

2. 简述活动目录的概念。

【解析】 活动目录(Active Directory,AD)就像是一个数据库,它存储和管理 Windows 网络中的所有资源,比如服务器、客户机、用户账户、打印机、各种文件等。

五、操作题

某网络的拓扑结构如图 5-1-1 所示,设备信息如表 5-1-1 所示,区域 abc.com 有两台域控制器,两台域控制器以负荷分担的方式工作,当其中一台域控制器出现故障时,另一台域控制器可以独立负责本区域的管理和控制。完成以下要求的 Windows Server 2008 R2 域的安装与配置。

(1)目录林根级域的 FQDN:abc.com。

（2）林功能级别和域功能级别：Windows Server 2003。

（3）密码统一为 P@ssw0rd。

（4）将虚拟机 3（Win2008A3）加入域。

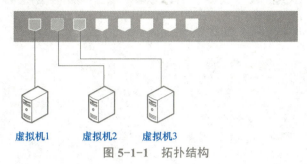

图 5-1-1　拓扑结构

【设备信息】

表 5-1-1　设备端口连接

设备名称	设备信息	IP 地址	备注
虚拟机 1 （Win2008A1）	计算机名：dns1 域名：dns1.abc.com	IP 地址：192.168.0.10 子网掩码：255.255.255.0 默认网关：192.168.0.1 DNS 服务器：192.168.0.10	区域 abc.com 的第一台域控制器
虚拟机 2 （Win2008A2）	计算机名：dns2 域名：dns2.abc.com	IP 地址：192.168.0.20 子网掩码：255.255.255.0 默认网关：192.168.0.1 DNS 服务器：192.168.0.10	区域 abc.com 的第二台域控制器
虚拟机 3 （Win2008A3）	计算机名：a3 域名：a3.abc.com	IP 地址：192.168.0.30 子网掩码：255.255.255.0 默认网关：192.168.0.1 DNS 服务器（主）：192.168.0.10 DNS 服务器（备）：192.168.0.20	区域 abc.com 中的计算机

【解析】

根据题目要求，配置过程如下。

STEP 1： 将虚拟机 Win2008A1 配置成区域 abc.com 中的第一台域控制器，步骤参考本单元题目，如图 5-1-2 所示。

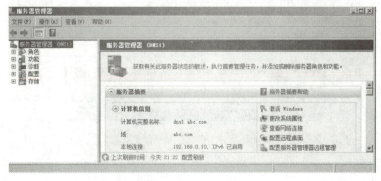

图 5-1-2　STEP 1

STEP 2：为虚拟机 Win2008A2 安装域服务，在"选择某一部署配置"对话框中单击"现有林""向现有域添加域控制器"单选按钮，如图 5-1-3 所示。

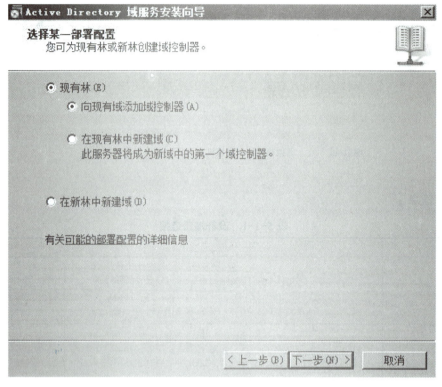

图 5-1-3　STEP 2

STEP 3：在"网络凭据"对话框中输入区域名和账户凭据，如图 5-1-4 所示。

图 5-1-4　STEP 3

STEP 4：按照安装向导的提示，成功地将虚拟机 Win2008A2 配置为区域 abc.com 中的第二台域控制器。此时打开虚拟机 Win2008A1 的"Active Directory 管理中心"界面，查看区域的域控器有 DNS1 和 DNS2 两台计算机，说明配置成功，如图 5-1-5 所示。

图 5-1-5　STEP 4

STEP 5：将虚拟机 Win2008A3 加入域。此时打开虚拟机 Win2008A1 的"Active Directory 用户和计算机"界面，查看成员计算机有 A3，说明配置成功，如图 5-1-6 所示。

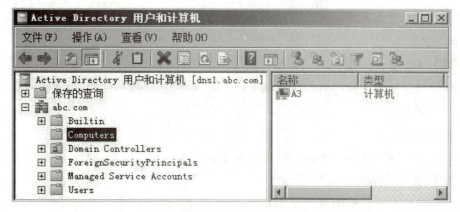

图 5-1-6　STEP 5

5.2 创建与管理域用户、域组账户和组织单位

一、选择题

1. GPO 不可以在以下哪个对象上指派？（　　）
   A．站点　　　　　　　　　　B．域
   C．组织单位　　　　　　　　D．用户组

   【解析】 GPO 是一种与域、地址或组织单位相联系的物理策略。GPO 可以在站点、域、组织单位上进行指派。

   【答案】 D

2. 将一台 Windows 系统的计算机安装为域控制器时，以下（　　）条件不是必须的。
   A．安装者必须具有本地系统管理员的权限
   B．本地磁盘至少有一个分区是 NTFS 文件系统
   C．操作系统必须是 Windows Server 2008 R2 企业版
   D．有相应的 DNS 服务器

   【解析】 操作系统不一定是 Windows Server 2008 R2 企业版，也可以是 Windows Server 2003 等。

   【答案】 C

3. 在活动目录中，按照组的作用域不同，可以分为 3 种组，以下不正确的是（　　）。
   A．域本地组　　　　　　　　B．通信组
   C．通用组　　　　　　　　　D．全局组

   【解析】 在活动目录中，按照组的作用域不同，可以分为域本地组、通用组、全局组。

   【答案】 B

4. 希望保证只有在组织单位层次上的 GPO 设置影响组织单位中的对象"用户组策略"设置，可使用以下哪一项？（　　）
   A．阻断策略继承　　　　　　B．禁止
   C．拒绝　　　　　　　　　　D．禁止覆盖

   【解析】 阻断策略继承可以实现上述功能。

   【答案】 A

单元 5　Windows Server 域安装与部署

5．为了保障某 GPO 在域层次上使用，而不被下层所覆盖，可采用下列哪个方法？
（　　）

　　A．阻断策略继承　　　　　　　　B．禁止

　　C．拒绝　　　　　　　　　　　　D．禁止覆盖

【解析】　禁止覆盖可以实现上述功能。

【答案】　D

二、填空题

1．组织单位的缩写是＿＿＿＿＿＿＿。

【解析】　组织单位（Organizational Unit），简称 OU。

【答案】　OU

2．一个域中无论有多少台计算机，一个用户只要拥有＿＿＿＿＿＿＿个域用户账户，便可以访问域中所有计算机上允许访问的资源。

【解析】　一个域用户就可以访问域中所有计算机的资源。

【答案】　一

3．如果想把客户机加入域 domain.jsj.hd，应在客户机的系统属性对话框中将计算机的隶属关系改到域，并输入＿＿＿＿＿＿＿。

【解析】　在客户机的系统属性对话框中要填写完整的域名。

【答案】　domain.jsj.hd

4．活动目录使用＿＿＿＿＿＿＿协议来验证身份。

【解析】　活动目录需要验证，即进行 Kerberos 身份验证。

【答案】　Kerberos

5．＿＿＿＿＿＿＿的作用是保证域的管理员只能在该域内有必要的管理权限，除非管理员得到其他域的明确授权。

【解析】　在 Windows 网络操作系统中，域是安全边界。域管理员只能管理域的内部，除非其他域赋予其管理权限，其才能够访问或者管理其他域；每个域都有自己的安全策略，以及它与其他域的安全信任关系。

【答案】　安全边界

三、判断题

1．GPO（组策略对象）不能连接到活动目录域对象上。　　　　　　　　　　（　　）

【解析】　GPO（组策略对象）可以连接到活动目录域对象上，比如域、计算机、组织单位等。

【答案】　错误

2．为了支持集中管理，活动目录包含所有对象和它们属性的信息。　　　　　（　　）

【解析】 活动目录架构包含两方面内容：对象类和对象属性。

【答案】 正确

3．活动目录包含将组策略应用到站点、域和组织单位。 （ ）

【解析】 活动目录管理服务器及客户端计算机账户，所有服务器及客户端计算机加入域管理并实施组策略，并将组策略应用到站点、域和组织单位。

【答案】 正确

4．提升活动目录时候，Guest 属于系统内建用户。 （ ）

【解析】 Guest 是来宾账户。

【答案】 错误

5．可以使用"Active Directory 用户和计算机"批量创建组织单位和其他活动目录的对象。 （ ）

【解析】 "Active Directory 用户和计算机"不能实现批量处理，可以使用轻型目录访问协议互换格式目录交换的方式进行批量创建。

【答案】 错误

四、简答题

1．简述组织单位的概念。

【解析】 组织单位（Organization Unit，OU）是一个容器对象，通常对应于实际网络管理中的一个"组织"或"单位"，它可以包含用户账户对象、计算机对象，以及其他组织单位对象，也可以把"组策略对象"链接到"组织单位对象"上。

2．简述域用户和本地用户的区别。

【解析】 域用户和本地用户的区别如下。域用户建立在域控制器的活动目录数据库内，用户可以利用域用户登录域，并利用它访问网络上的资源。当用户建立在某台域控制器中后，该用户会自动复制到同一域的其他所有域控制器中。本地用户建立在 Windows 独立服务器、Windows 成员服务器或 Windows 的本地安全数据库中，而不是域控制器中，用户可以利用本地用户登录此计算机，但是只能访问这台计算机中的资源，无法访问网络上的资源。

五、操作题

基于图 5-2-1 所示的组织结构和表 5-2-1 所示设备信息的网络，完成以下要求的 Windows Server 2008 R2 域用户、域组账户和组织单位的部署。

（1）在域控制器上，创建组织单位"福州分公司"，创建域组账户"business"。

（2）批量创建 5 个域用户，域用户名称为 test1~test5，密码统一为 P@ssw0rd。这些域用户隶属于域组账户"business"。

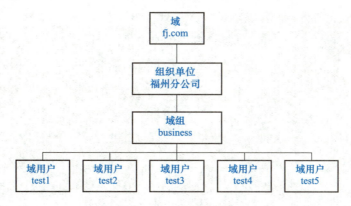

图 5-2-1　组织结构

【设备信息】

表 5-2-1　设备端口连接

设备名称	角色	IP 地址
虚拟机 （Win2008S1）	域控制器 fj.com	IP 地址：10.1.1.100/24 默认网关：10.1.1.1 DNS 服务器的 IP 地址：10.1.1.100

【解析】

STEP 1： 安装虚拟机的域服务，使之成为域控制器。

STEP 2： 新建组织单位"福建分公司"和域组账户"business"，如图 5-2-2 所示。

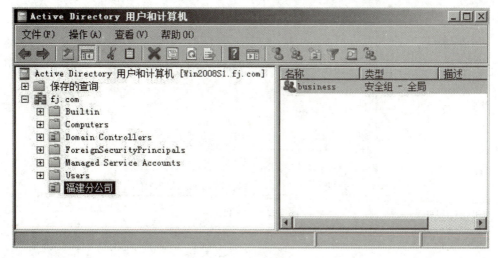

图 5-2-2　STEP 2

STEP 3： 使用命令行批量创建 5 个用户，如图 5-2-3 所示。

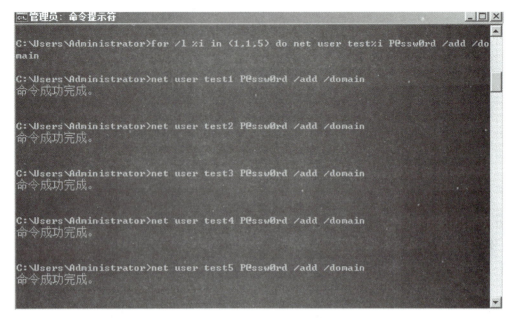

图 5-2-3　STEP 3

STEP 4： 将 5 个用户加入域组"business"，如图 5-2-4 所示。

图 5-2-4　STEP 4

5.3 单元测试

一、选择题

1. 父域的名字是 nyist.com，那么子域的规范表示是（　　）。
   A. nyist.js.com　　　　　　　　B. js.nyist.com
   C. nyist.com.js.com　　　　　　D. js.com.nyist

【解析】　父域的名字 nyist.com 要放置在后面，且不能分开，因此排除 ACD。

【答案】　B

2. 在域环境中，用户的配置文件有 3 种，以下不对的是（　　）。
   A. 临时用户配置文件　　　　　　B. 漫游用户配置文件
   C. 强制漫游配置文件　　　　　　D. 本地用户配置文件

【解析】　在域环境中，用户的配置文件有漫游用户配置文件、强制漫游配置文件、本地用户配置文件。

【答案】　A

3. 在目录林范围内唯一的是（　　）。
   A. 架构主控　　　　　　　　　　B. RID 主控
   C. 主域控制器仿真器　　　　　　D. 基础结构主控

【解析】　架构主控主要负责修改活动目录的数据源，它在目录林范围内是唯一的；RID 主控的主要作用是分配 RID 池给域内的 DC 和防止安全主体的 SID 重复；基础结构主控负责更新从它所在的域中的对象到其他域中对象的引用。

【答案】　A

4. 以下哪一组织单位特性可使设置信息从上级对象传递到下级对象？（　　）
   A. 继承性　　　　　　　　　　　B. 用户组策略
   C. 委派　　　　　　　　　　　　D. 分层结构

【解析】　继承可以使组织单位信息从上级对象传递到下级对象。

【答案】　A

5. 活动目录中域结构的设计主要基于（　　）。
   A. 域结构　　　　　　　　　　　B. 行政结构
   C. 逻辑结构　　　　　　　　　　D. 物理结构

【解析】　活动目录中域结构的设计主要基于逻辑结构。

【答案】　C

二、填空题

1. 如果父域的名字是 ACME.com，子域的名字是 DAFFY，那么子域的 DNS 全名是_____。

【解析】 子域的名字放置在父域的名字前面，就构成了子域的 DNS 全名。

【答案】 **DAFFY.ACME.com**

2. 活动目录的缩写是_____。

【解析】 活动目录的英文全称为"Active Directory"，缩写为 AD。

【答案】 **AD**

3. 在 Windows 域环境下，使用_____对象，可以很容易地定位和管理对象。

【解析】 组织单位是活动目录的一个特殊容器，它可以把用户、组、计算机等对象组织起来。

【答案】 **组织单位**

4. 两个域 shenyang.dcgie.com 和 beijing.dcgie.com 的共同父域是_____。

【解析】 观察这两个域结构，shenyang 和 beijing 是子域的名字，dcgie.com 是父域的名字。

【答案】 **dcgie.com**

5. 在域模式下，由_____来实现对域的统一管理。

【解析】 域控制器中包含了由这个域的账户、密码、属于这个域的计算机等信息构成的数据库，能够实现对域的统一管理。

【答案】 **域控制器**

三、判断题

1. 活动目录中的域之间的信任关系是双向可传递的。（ ）

【解析】 域信任是为了解决多域的环境中跨域资源共享问题而诞生的。两个域之间必须拥有信任关系，才可以访问对方域内的资源。任何一个新的子域被加入域树之后，这个域会自动信任其上一层的父域，同时父域也会自动信任新子域，而且这些信任关系具备双向传递性。

【答案】 **正确**

2. 活动目录中站点结构的设计主要基于域结构。（ ）

【解析】 活动目录中站点结构的设计主要基于物理结构。

【答案】 **错误**

3. 用户账户、用户组、计算机账户是安全对象。（ ）

【解析】 安全对象包括组、用户、计算机、服务等。

【答案】 **正确**

4. 在一个 Windows 域树中，第一个域被称为子域。　　　　　　　　　　　　（　）

【解析】　在一个 Windows 域树中，第一个域被称为树根域。

【答案】　错误

5. 域信任关系是网络中不同域之间的一种内在联系。　　　　　　　　　　（　）

【解析】　见判断题第 1 题解析。

【答案】　正确

四、简答题

1. 简述活动目录的功能。

【解析】　活动目录主要提供以下功能。

（1）服务器及客户端计算机管理：管理服务器及客户端计算机账户，所有服务器及客户端计算机加入域管理并实施组策略。

（2）用户服务：管理用户域账户、用户信息、企业通讯录（与电子邮件系统集成）、用户组、用户身份认证、用户授权等，实施组管理策略。

（3）资源管理：管理打印机、文件共享服务等网络资源。

（4）桌面配置：系统管理员可以集中实施各种桌面配置策略，如用户使用域中资源权限限制、界面功能的限制、应用程序执行特征限制、网络连接限制、安全配置限制等。

（5）应用系统支撑：支持财务、人事、电子邮件、企业信息门户、办公自动化、补丁管理、病毒防御等各种应用系统。

2. 简述安装域控制器的条件。

【解析】　在安装域控制器之前，需要做好以下准备工作。

（1）为服务器配置静态 IP 地址；

（2）确保磁盘分区的文件系统为 NTFS 格式；

（3）确定服务器的计算机名；

（4）规划好 DNS 域名；

（5）设置好 DNS 服务器。

五、操作题

基于图 5-3-1 所示拓扑结构和表 5-3-1 所示设备信息的网络，完成以下要求的 Windows Server 2008 R2 域的安装和部署。

（1）目录林根级域的 FQDN：test.net。

（2）林功能级别和域功能级别：Windows Server 2003。

（3）在域控制器上，创建用户 Liming。对用户进行委派控制，委派"创建、删除和管理用户账户""将计算机加入域""管理组策略链接"的任务。

（4）将虚拟机 2（Win2008S2）加入域。

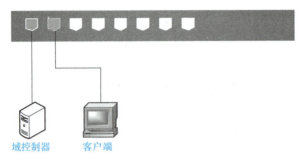

图 5-3-1 拓扑结构

【设备信息】

表 5-3-1 设备端口连接

设备名称	角色	IP 地址
虚拟机 1（Win2008S1）	域控制器 域：test.net	IP 地址：192.168.1.100/24 默认网关：192.168.1.1 DNS 服务器的 IP 地址：192.168.1.100
虚拟机 2（Win2008S2）	客户端	IP 地址：192.168.1.200/24 默认网关：192.168.1.1 DNS 服务器的 IP 地址：192.168.1.100

【解析】

STEP 1： 按要求设置目录林根级域的 FQDN，如图 5-3-2 所示。

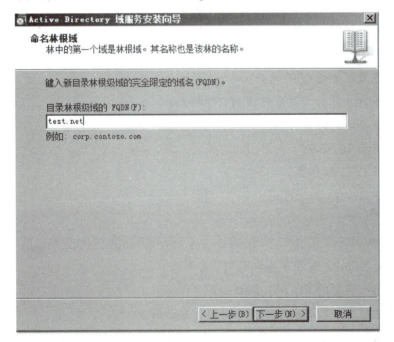

图 5-3-2 STEP 1

STEP 2： 在"设置林功能级别"和"设置域功能级别"对话框中，可以选择较低版本,这样就能兼容网络中低版本的 Windows 系统计算机。之后按照安装提示进行操作,重启虚拟机后成功安装了域服务,如图 5-3-3、图 5-3-4 所示。

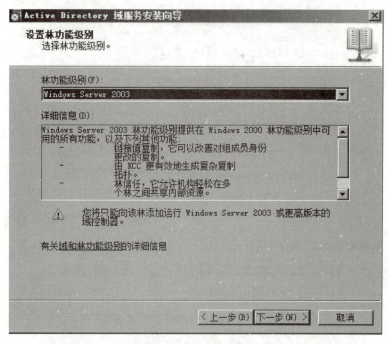

图 5-3-3　STEP 2（1）

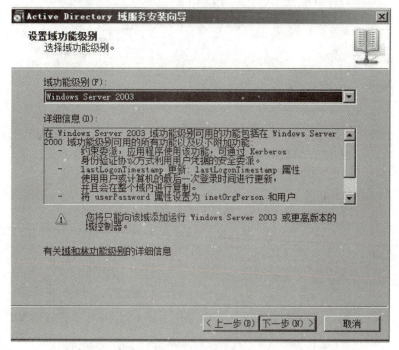

图 5-3-4　STEP 2（2）

STEP 3: 在域控制器上新建用户 Liming,如图 5-3-5 所示。

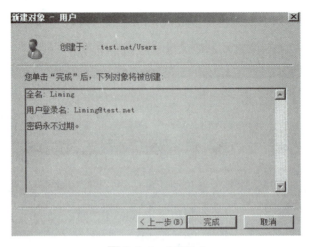

图 5-3-5 STEP 3

STEP 4：用鼠标右键单击"test.net"域，选择"委派控制"命令，添加用户 Liming，之后选择委派的任务，如图 5-3-6、图 5-3-7 所示。

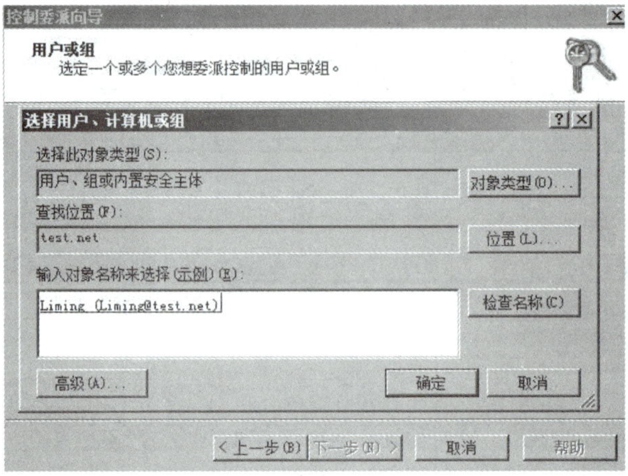

图 5-3-6 STEP 4（1）

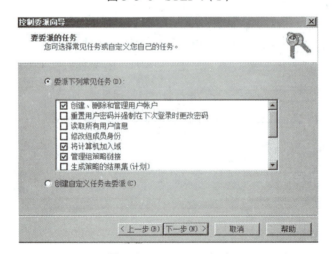

图 5-3-7 STEP 4（2）

STEP 5: 在客户端虚拟机上加入域，如图 5-3-8、图 5-3-9 所示。

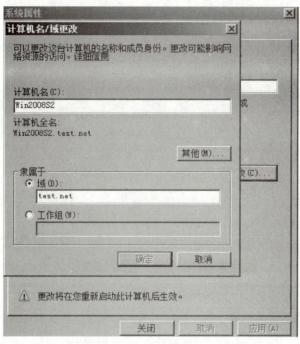

图 5-3-8　STEP 5（1）

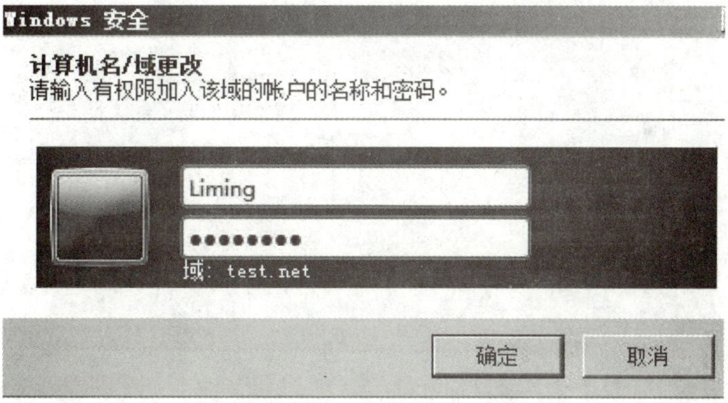

图 5-3-9　STEP 5（2）

单元 6

Windows Server
常用服务部署

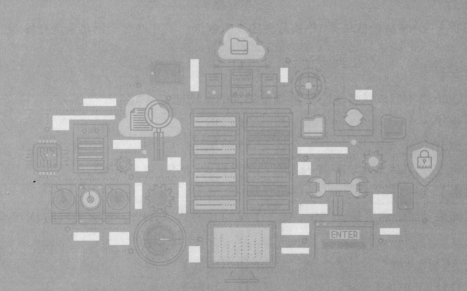

6.1 DNS 服务器安装与部署

知识测评

一、单选题

1. 以下哪种记录可将一个主机名（全称域名 FQDN）和一个 IP 地址关联起来？（ ）
   A．别名记录　　　　　　　　B．主机记录
   C．MX 记录　　　　　　　　 D．指针记录

   【解析】 主机记录可将一个主机名（全称域名 FQDN）和一个 IP 地址关联起来。

   【答案】 B

2. 以下哪种记录可将一个 IP 地址对应到主机名（全称域名 FQDN）？（ ）
   A．别名记录　　　　　　　　B．主机记录
   C．MX 记录　　　　　　　　 D．指针记录

   【解析】 指针记录可将一个 IP 地址对应到主机名（全称域名 FQDN）。

   【答案】 D

3. DNS 辅助区域可以对资源记录进行添加、修改操作。（ ）
   A．对　　　　　　　　　　　B．错

   【解析】 DNS 辅助区域是 DNS 主要区域的备份，不可以对资源记录进行添加、修改操作。

   【答案】 B

4. Internet 中完成域名地址和 IP 地址转换的系统是（ ）。
   A．POP　　　　　　　　　　B．DNS
   C．SLIP　　　　　　　　　　D．Usenet

   【解析】 完成域名地址和 IP 地址转换的系统是 DNS（域名系统）。

   【答案】 B

5. 如果父域的名字是 ACME.com，子域的名字是 DAFFY，那么子域的 DNS 全名是（ ）。
   A．ACME.com　　　　　　　B．DAFFY
   C．DAFFY.ACME.com　　　　D．DAFFY.com

   【解析】 子域的 DNS 全名为子域名字.父域全名，如 DAFFY.ACME.com。

   【答案】 C

二、填空题

1. Domain Name System（DNS）中文是_____。

【解析】 Domain Name System（DNS）中文是域名系统。

【答案】 域名系统

2. 为域名 www.sun.com 创建正向查找区域，其区域名称为_____。

【解析】 域名 www.sun.com 扣除最左边的主机名 www，剩余的部分即其区域名称 sun.com。FQDN＝主机名＋区域名称。

【答案】 sun.com

3. 使用 nslookup 测试域名 www.sun.com，请写出具体命令：_____。

【解析】 nslookup 是域名解析最常用的工具，可以在命令提示符或 PowerShell 环境下执行。nslookup 的基本语法格式是：nslookup –qt=type domain 或 ip。

【答案】 nslookup www.sun.com

4. DNS 的查询方式有两种，分别是_____和_____。

【解析】 当 DNS 客户端向 DNS 服务器查询 IP 地址，或 DNS 服务器向另外的 DNS 服务器查询 IP 地址时，有两种查询方式，即递归查询和迭代查询。

【答案】 递归查询，迭代查询

5. 在 DNS 的记录类型中 MX 表示_____。

【解析】 MX 也称为邮件交换记录，它指向一个邮件服务器，用于电子邮件系统发邮件时根据收信人的地址后缀来定位邮件服务器。

【答案】 邮件交换记录

三、判断题

1. 在某台计算机上使用域名访问网站（不考虑静态映射的情况下），要在该计算机中设置 DNS 服务器 IP 地址，否则将无法访问该网站。（　　）

【解析】 在不考虑静态映射的情况下，每台计算机使用域名访问网站，都必须设置 DNS 服务器 IP 地址，使用 DNS 服务进行域名解析才能正常访问网站。

【答案】 正确

2. 创建别名记录时可以指向某个域名，也可以指向某个 IP 地址。（　　）

【解析】 别名记录是一种域名指向域名的资源记录，不可以指向 IP 地址。

【答案】 错误

3. 在 DNS 中定义了不同类型的记录，但常用的不到 10 种，AAAA 用于记录 IPv4 的主机。（　　）

【解析】 AAAA 为 IPv6 地址，A 用于记录 IPv4 的主机。

【答案】 错误

4. HOSTS 是一个没有扩展名的系统文件，可以用记事本等工具打开，其作用是将一些常用的网址域名与其对应的 IP 地址建立一个关联"数据库"。（ ）

【解析】 HOSTS 是一个没有扩展名的系统文件，可以用记事本等工具打开，其作用是将一些常用的网址域名与其对应的 IP 地址建立一个关联"数据库"。使用 HOSTS 文件解析域名属于本机的静态映射。

【答案】 正确

5. DNS 辅助区域的数据只能来自主要区域。（ ）

【解析】 辅助 DNS 服务器包含区域文件的只读副本，它们通过称为区域传输的通信从主服务器获取其信息。每个区域只能有一个主 DNS 服务器，但它可以有任意数量的辅助 DNS 服务器。

【答案】 正确

四、简答题

写出使用 nslookup 命令测试常见的 3 种资源记录的具体命令。

【解析】

```
nslookup    www.abc.com
nslookup    -qt=mx    abc.com
nslookup    -qt=ptr   192.168.1.1
```

五、操作题

在虚拟机 Windows Server 2008 R2 上安装 DNS 服务器。在该服务器上按表 6-1-1 中的内容要求进行域名注册。配置完成后，分别截取正向查找区域和反向查找区域的域名记录完整信息的窗口，并使用命令 nslookup 测试表 6-1-1 中 3 个资源记录的解析结果，截取包含命令和命令运行整体结果的窗口。

表 6-1-1　DNS 域名解析

域名/IP 地址	IP 地址/域名	记录类型
ftp.skills.net	172.16.5.10	主机
www.skills.net	ftp.skills.net	别名
172.16.5.10	ftp.skills.net	指针

【解析】

STEP 1： 配置虚拟机 IP 地址 172.16.5.10/24。

STEP 2： 安装 DNS 服务器，如图 6-1-1 所示。

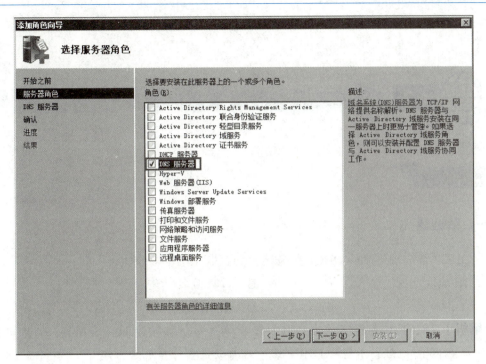

图 6-1-1　STEP 2

STEP 3： 分别创建 skills.net 正向查找区域和 10.16.172.in-addr.arpa 反向查找区域。

STEP 4： 添加 3 个资源记录。

STEP 5： 使用 nslookup 命令测试 3 个资源记录。

6.2 DHCP 服务器安装与部署

知识测评

一、单选题

1. DHCP 客户端不能从 DHCP 服务器自动获取（　　）参数。
   A．IP 地址　　　　　　　　B．计算机名
   C．子网掩码　　　　　　　　D．默认网关

   【解析】DHCP 服务器可以为 DHCP 客户端自动分配 IP 地址、子网掩码、默认网关和 DNS 服务器 IP 地址，不能给 DHCP 客户端自动设置计算机名。

   【答案】B

2. 以下哪个不是 DHCP 服务器和 DHCP 客户端之间发送的广播包？（　　）
   A．DHCP Discover　　　　　B．DHCP Offer
   C．DHCP Request　　　　　 D．DHCP Updata

   【解析】DHCP 服务在地址租用过程中，一共有 4 个广播包，按顺序分别为 DHCP Discover、DHCP Offer、DHCP Request 和 DHCP ACK。

   【答案】D

3. 动态主机配置协议的英文缩写是（　　）。
   A．Web　　　　　　　　　　B．DNS
   C．DHCP　　　　　　　　　 D．FTP

   【解析】DHCP 是 Dynamic Host Configuration Protocol 的缩写，中文为动态主机配置协议。

   【答案】C

4. DHCP 配置首先必须先配置（　　）。
   A．属性　　　　　　　　　　B．作用域
   C．Web　　　　　　　　　　D．DNS

   【解析】DHCP 服务器要先创建作用域，设置 IP 地址范围、子网掩码、默认网关等参数，才能为 DHCP 客户端提供 IP 地址租用服务。

   【答案】B

5. 如果一个 DHCP 客户端找不到 DHCP 服务器，那么它会给自己临时分配一个网络

ID 号为（　　）的 IP 地址。

　　A．131.107.0.0　　　　　　　　B．127.0.0.0

　　C．169.254.0.0　　　　　　　　D．10.0.0.0

【解析】　当 DHCP 客户端找不到 DHCP 服务器时，它将会临时获取一个网络 ID 号为 169.254.0.0 的 IP 地址。

【答案】　C

二、填空题

　　1．作用域是指派给 DHCP 客户端的＿＿＿＿＿＿。

【解析】　作用域是指派给 DHCP 客户端的 IP 地址范围。DHCP 服务器可以创建一个或多个作用域，一个作用域为一个网段的 IP 地址范围，不允许创建两个相同网段的作用域。

【答案】　IP 地址范围

　　2．DHCP 服务采用＿＿＿＿＿＿模式，其功能主要是为 DHCP 客户端自动分配 IP 地址等 TCP/IP 属性。

【解析】　DHCP 服务采用客户端/服务器模式（C/S），其功能主要是为 DHCP 客户端自动分配 IP 地址等 TCP/IP 属性。

【答案】　客户端/服务器

　　3．查看 DHCP 客户端是从哪台 DHCP 服务器获得 IP 地址的，可以使用＿＿＿＿＿＿命令。

【解析】　在 DHCP 客户端自动获得 IP 地址后，可以使用 ipconfig /all 命令查看 DHCP 客户端的 IP 地址配置详细信息，从中查看 "DHCP 服务器" 项即可知道 DHCP 客户端是从哪台 DHCP 服务器获得 IP 地址的。

【答案】　ipconfig /all

　　4．如果在 DHCP 客户端手工释放 IP 地址，在 CMD 命令窗口下应该输入＿＿＿＿＿＿。

【解析】　DHCP 客户端从 DHCP 服务器获得 IP 地址后，可以通过 ipconfig/release 命令手工释放已获得的 IP 地址，再使用 ipconfig/renew 命令重新获得 IP 地址。

【答案】　ipconfig /release

　　5．（术语解释）＿＿＿＿＿＿指定一个客户端在作用域使用 IP 地址的时间长短。

【解析】　租用期限指定一个客户端在作用域使用 IP 地址的时间长短。一般根据使用场景设置租用期限。

【答案】　租用期限

三、判断题

　　1．DHCP 是动态主机配置协议，可以提高 IP 地址的使用效率。　　　　　　（　　）

【解析】 DHCP 服务器拥有一个 IP 地址池，任何启用 DHCP 的客户端登录网络时，都可从 IP 地址池租用一个 IP 地址。IP 地址是动态的，而不是静态的永久分配，不使用的 IP 地址就自动返回 IP 地址池供再分配，从而提高 IP 地址的使用效率。

【答案】 正确

2. 安装 DHCP 服务器需要先手动设置 DHCP 服务器的 IP 地址。 （ ）

【解析】 要成为一台 DHCP 服务器，首先要手动设置 DHCP 服务器的 IP 地址，其次要安装 DHCP 服务器软件包。

【答案】 正确

3. 在 DHCP 服务器中，新建筛选器时指定 MAC 地址必须填写完整，不能使用通配符。 （ ）

【解析】 新建筛选器时指定 MAC 地址可以填写完整，也可以只写一部分，其他使用通配符代替，如 001C*。

【答案】 错误

4. 在 DHCP 服务器中，筛选器可以启用允许或拒绝列表，控制 DHCP 客户端获得 IP 地址。 （ ）

【解析】 筛选器可以启用允许或拒绝列表，控制 DHCP 客户端获得 IP 地址。一般使用拒绝列表较多，它相当于黑名单，即不允许从 DHCP 服务器中获得 IP 地址。

【答案】 正确

5. 创建某个作用域时，默认网关可设置在作用域选项中，也可以设置在服务器选项中。 （ ）

【解析】 此题不完全正确，如果 DHCP 服务只有一个作用域，默认网关可设置在作用域选项中，也可设置在服务器选项中，这是没有问题的。但是，如果 DHCP 服务存在多个作用域，每个作用域都需要一个默认网关，那么，默认网关只能设置在作用域选项中，不能设置在服务器选项中。

【答案】 错误

三、操作题

在虚拟机上设置 IP 地址为 172.18.1.10/24，默认网关为 172.18.1.100，请安装 DHCP 服务器，创建一个作用域，作用域名称为 net，作用域的 IP 地址范围为 172.18.1.1~172.18.1.200，子网掩码为 255.255.255.0，DNS 服务器 IP 地址为 114.114.114.114，租约期限为 10 天。DHCP 服务器用于给内网的 DHCP 客户端分配 IP 地址、子网掩码、默认网关及 DNS 服务器 IP 地址。配置完成后，分别截取作用域 net 下能显示 IP 地址池、作用域选项等两个完整信息的窗口，以及作用域 net 的属性窗口。

【解析】

STEP 1： 设置 DHCP 服务器的 IP 地址，如图 6-2-1 所示。

单元 6　Windows Server 常用服务部署

图 6-2-1　STEP 1

STEP 2: 安装 DHCP 服务器，如图 6-2-2、图 6-2-3 所示。

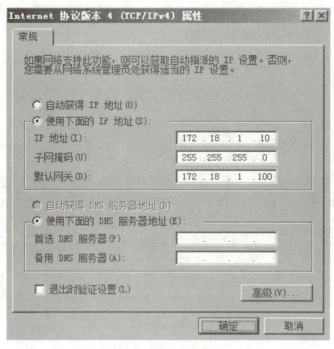

图 6-2-2　STEP 2（1）

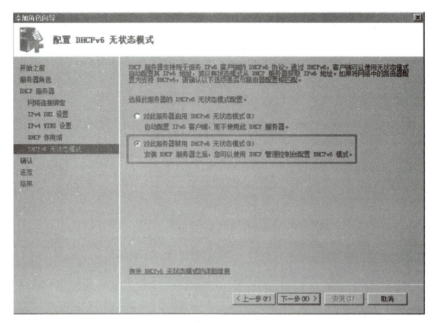

图 6-2-3　STEP 2（2）

STEP 3： 创建 net 作用域，如图 6-2-4~图 6-2-11 所示。

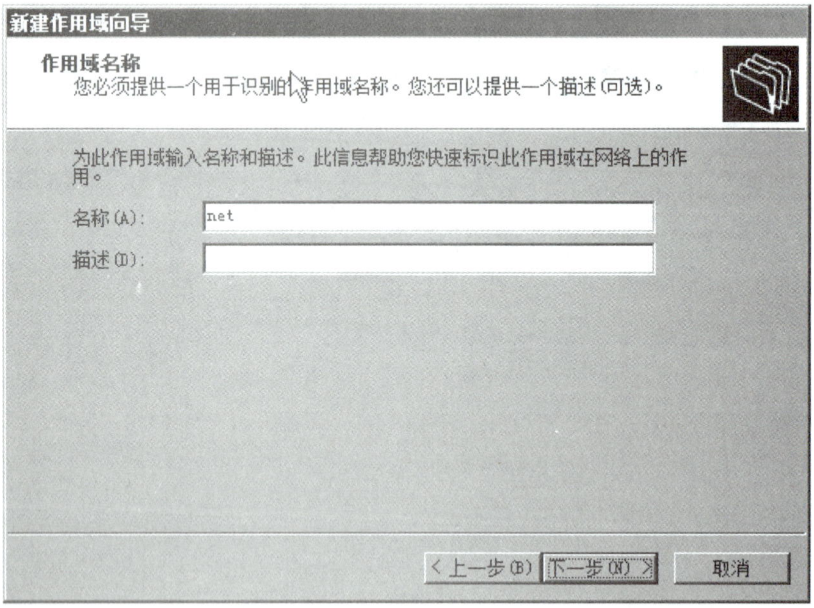

图 6-2-4　STEP 3（1）

单元 6　Windows Server　常用服务部署

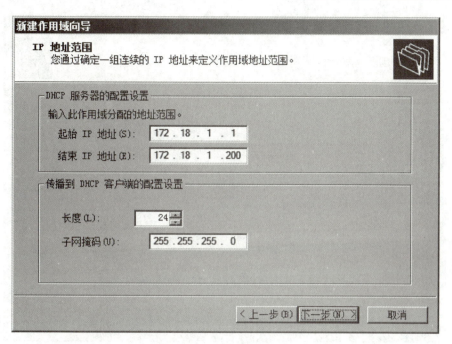

图 6-2-5　STEP 3（2）

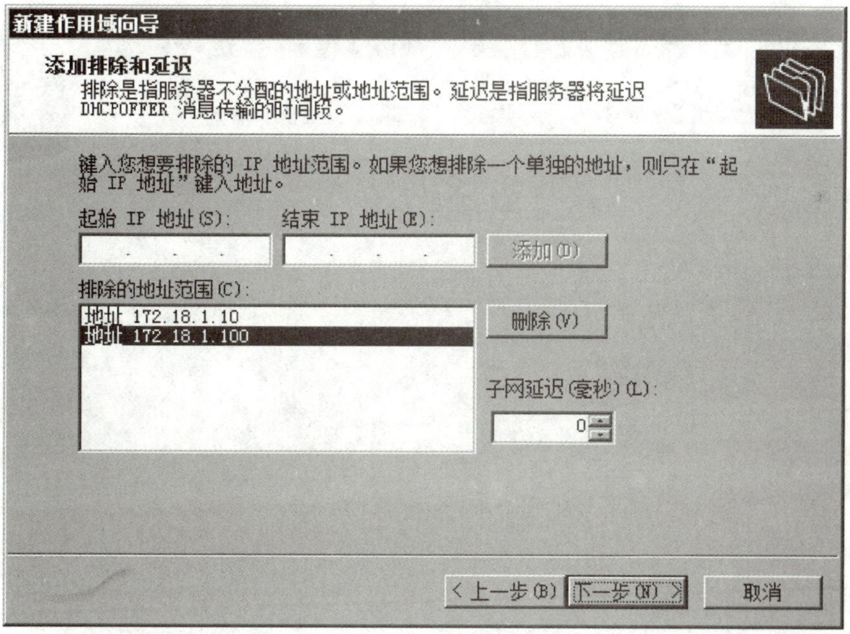

图 6-2-6　STEP 3（3）

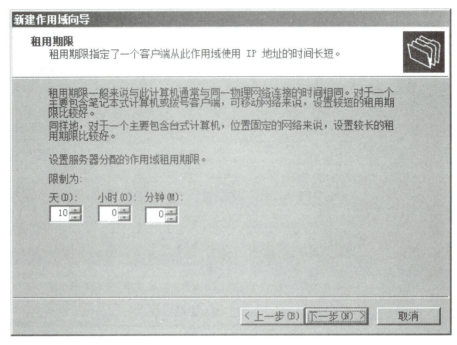

图 6-2-7　STEP 3（4）

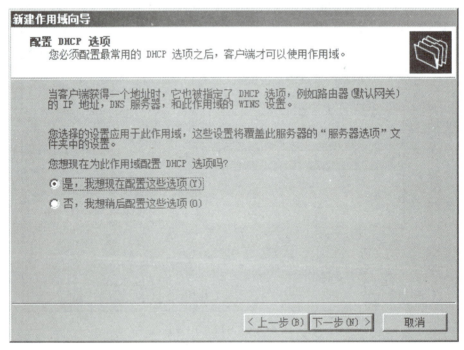

图 6-2-8　STEP 3（5）

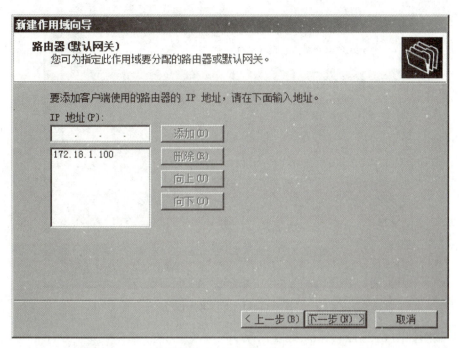

图 6-2-9　STEP 3（6）

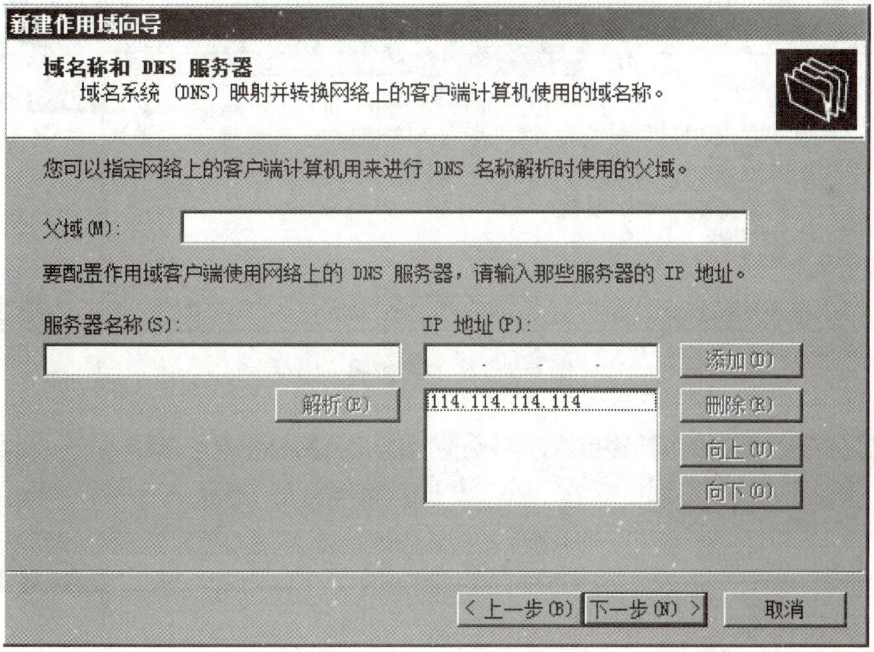

图 6-2-10　STEP 3（7）

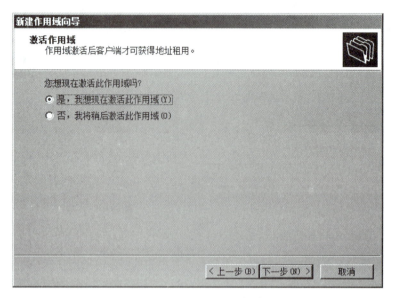

图 6-2-11　STEP 3（8）

参考截图如图 6-2-12~图 6-2-14 所示。

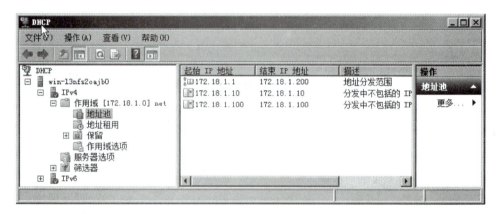

图 6-2-12　参考截图（1）

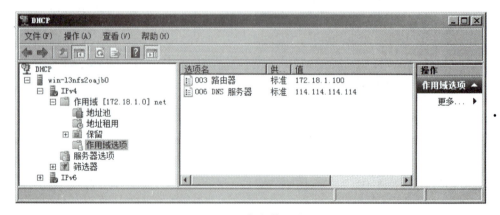

图 6-2-13　参考截图（2）

单元 6　Windows Server　常用服务部署

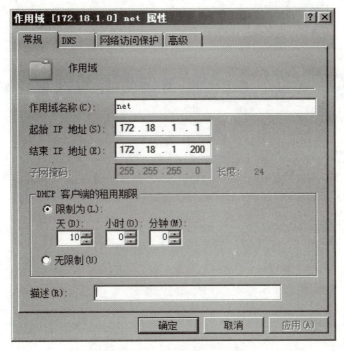

图 6-2-14　参考截图（3）

6.3 Web、FTP 服务器安装与部署

知识测评

一、选择题

1. WWW 服务的默认 TCP 端口号是（　　）。
   A. 20　　　　　　　　　　B. 41
   C. 21　　　　　　　　　　D. 80

   【解析】 WWW 服务的默认 TCP 端口号是 80。
   【答案】 D

2. 要查看某个网站的信息，需要在计算机上使用的软件是（　　）。
   A. 写字板　　　　　　　　B. 浏览器
   C. 记事本　　　　　　　　D. 计算器

   【解析】 浏览 Web 网站的客户端软件为浏览器，如 IE、360、谷歌、火狐等浏览器。
   【答案】 B

3. （　　）功能指定当客户端未请求特定文件名时返回的默认文件。
   A. 日志　　　　　　　　　B. 默认文档
   C. 主页文件　　　　　　　D. 默认主页

   【解析】 默认文档功能指定当客户端未请求特定文件名时返回的默认文件。网站的主页文件名必须在"默认文档"列表中，最好在该列表的最顶端（第一个）。
   【答案】 B

4. 匿名访问 FTP 服务器使用的账户名是（　　）。
   A. 本地计算机名　　　　　B. 本地用户
   C. guest　　　　　　　　 D. anonymous

   【解析】 匿名访问 FTP 服务器使用的账户名是 anonymous，也可以是 ftp。
   【答案】 D

5. 如果文件"sun.txt"存储在一个名为"ftp.sun.com"的 FTP 服务器上，那么，下载该文件用的 URL 为（　　）。
   A. http：//ftp.sun.com/ sun.txt　　　　B. telnet：//ftp.sun.com/ sun.txt
   C. rtsp：//ftp.sun.com/ sun.txt　　　　D. ftp：//ftp.sun.com/ sun.txt

【解析】 FTP 服务访问的 URL 格式为 ftp：//[username：password@]FTP 服务器 IP 地址或域名 [：端口]/[路径/文件名]。

【答案】 D

二、填空题

1. 在一台计算机上建立多个 Web 站点的方法有：利用多个_____、利用多个 TCP 端口和利用多个主机名。

【解析】 Web 服务器可以使用不同的 IP 地址、端口号和主机名（域名）发布网站。

【答案】 IP 地址

2. 要将默认网站设置为已停止状态，可选中默认网站并单击鼠标右键，在快捷菜单中选择"管理网站"→_____命令。

【解析】 "管理网站"功能可以设置网站的运行状态，如启动、重新启动、停止网站。

【答案】 "停止"

3. 要修改某个已经正常发布的网站的端口号，可选中该网站，在 IIS 窗口右栏选择"编辑网站"→_____选择。

【解析】 通过"编辑网站"→"绑定"选项，可以修改主机名、IP 地址、端口号设置。

【答案】 "绑定"

4. 从 FTP 服务器复制文件到本地计算机的操作称为_____。

【解析】 从 FTP 服务器复制文件到本地计算机的操作称为下载，从本地计算机复制文件到 FTP 服务器的操作称为上传。

【答案】 下载

5. 某 FTP 服务器的域名为 ftp.sun.com，端口使用默认端口，现在若要用 IE 浏览器从该服务器下载文件，则需要在浏览器地址栏输入_____访问该站点。

【解析】 ftp 服务访问的 URL 格式为 ftp：//[username：password@]FTP 服务器 IP 地址或域名 [：端口]/[路径/文件名]。

【答案】 ftp：//ftp.sun.com

三、判断题

1. 一个 Web 服务器就是一个文件服务器。   （   ）

【解析】 Web 服务器是提供 Web 服务的，文件服务器是提供文件共享管理服务的，两者的功能是不一样的。

【答案】 错误

2. FTP 客户端访问 FTP 服务器时建立控制连接，在传输数据时两者必须先建立数据连接，才可以传输数据。   （   ）

【解析】 当 FTP 客户端访问 FTP 服务器时，先建立控制连接并且检查用户的合法性和访问权限，当用户需要传输数据时，两者必须先建立好数据连接，才可以传输数据。

【答案】 正确

3．小李从网上邻居下载文件使用的是 FTP。   （ ）

【解析】 访问网上邻居属于访问共享文件夹的行为，不是访问 FTP 服务，因此，不能使用 FTP。

【答案】 错误

4．当 FTP 服务器工作在主动模式时，不会因为 FTP 客户端存在防火墙而无法正常传输数据。   （ ）

【解析】 FTP 有两种工作模式，分别为主动模式和被动模式。当 FTP 服务器工作在被动模式时，不会因为 FTP 客户端存在防火墙而无法正常传输数据。被动模式是在建立数据连接时，FTP 客户端向 FTP 服务器发起连接，因此，FTP 客户端存在防火墙不会妨碍到数据连接的建立。

【答案】 错误

5．文件传输协议使用的是 FTP，远程登录使用 Telnet 协议。   （ ）

【解析】 文件传输协议使用的是 SMB/CIFS 协议，远程登录使用 Telnet 协议。

【答案】 错误

四、简答题

某个网站使用域名方式发布，客户端不能正常访问，假设网站是正常的，服务器与客户端也能够正常通信。简要描述可能的故障原因（至少写出两条原因）。

【解析】

（1）客户端的 TCP/IPv4 属性的 DNS 服务器 IP 地址没有设置指向解析网站域名的 DNS 服务器；

（2）网站的主页文件名没有在 IIS 默认文件的列表中；

（3）网站绑定的主机名设置不对；

（4）解析网站域名 DNS 服务器设置错误。

五、操作题

在 Windows 2008 虚拟机上安装 FTP 服务。要求创建一个 FTP 站点，站点名称为 jjzx，站点主目录物理路径为 C：\jjzx，要求只允许用户 ftp1（密码：pass.123）上传和下载，请截取 jjzx 站点高级设置对话框、身份验证、授权规则窗口和 FTP 测试窗口。

【解析】

STEP 1： 设置 Windows 2008 虚拟机，如：192.168.1.10/24。

STEP 2： 安装 FTP 服务，如图 6-3-1 所示。

单元 6　Windows Server 常用服务部署

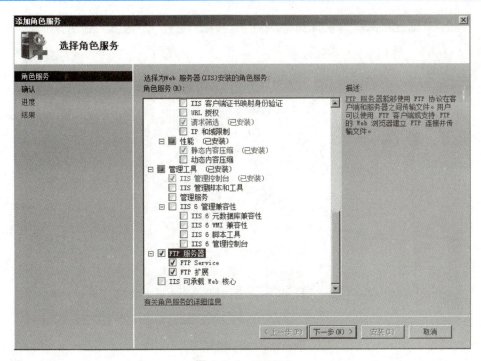

图 6-3-1　STEP 2

STEP 3： 创建 FTP 站点主目录和 ftp1 用户。

C:\Users\Administrator>mkdir   c:\jjzx

C:\Users\Administrator>echo   hello > c:\jjzx\hello.txt

C:\Users\Administrator>net   user   ftp1   pass.123   /add

STEP 4： 创建 FTP 站点，如图 6-3-2~图 6-3-4 所示。

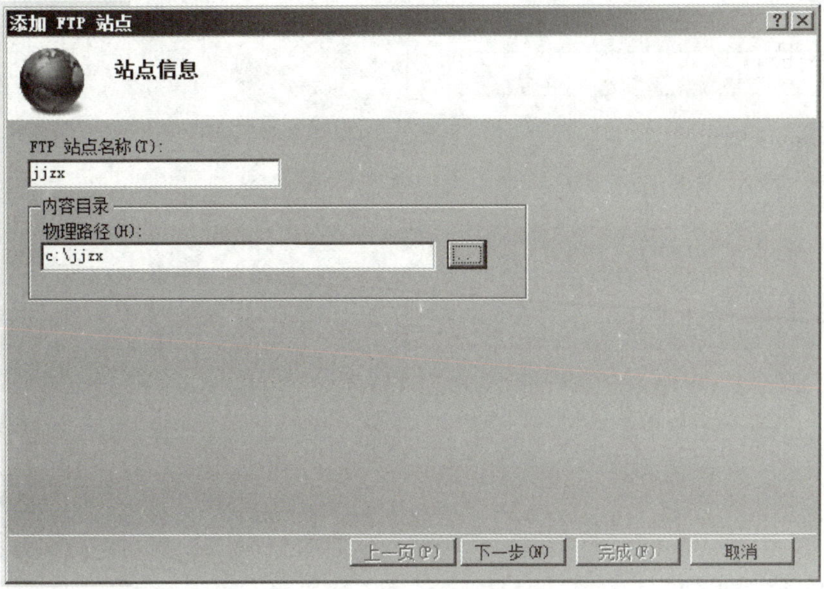

图 6-3-2　STEP 4（1）

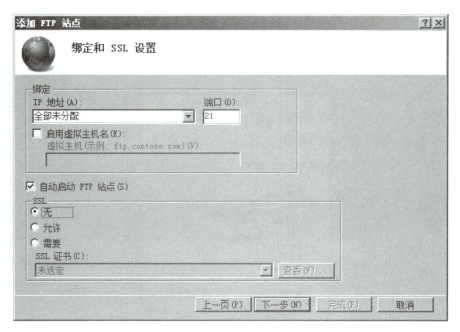

图 6-3-3　STEP 4（2）

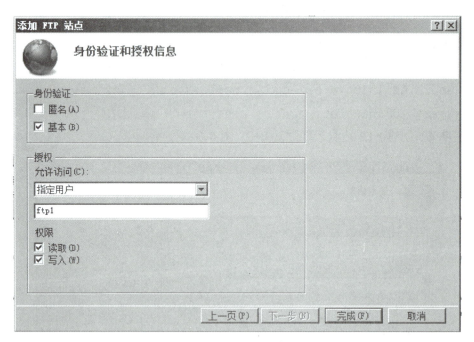

图 6-3-4　STEP 4（3）

参考截图如图 6-3-5~图 6-3-8 所示。

单元 6　Windows Server 常用服务部署

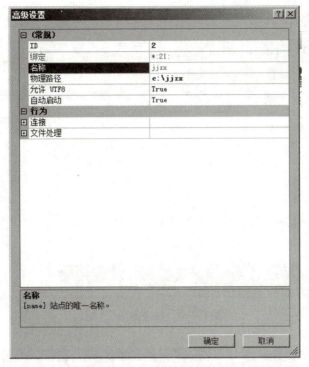

图 6-3-5　参考截图（1）

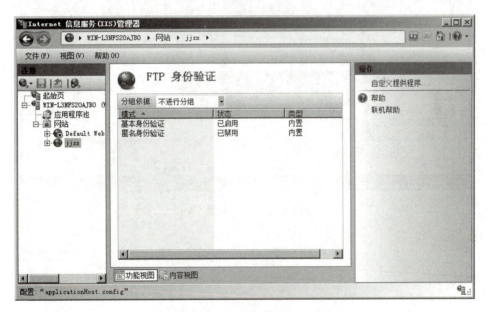

图 6-3-6　参考截图（2）

图 6-3-7　参考截图（3）

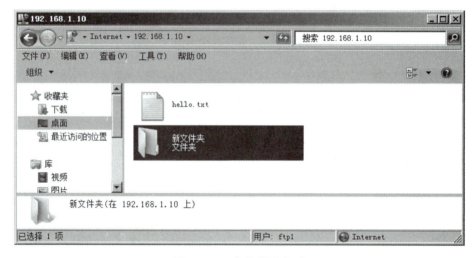

图 6-3-8　参考截图（4）

6.4 单元测试

一、选择题

1. IIS 服务器使用哪个协议为客户提供 Web 浏览服务？（　　）。
   A．SMTP   B．HTTP
   C．NNTP   D．FTP

【解析】 Web 服务使用 HTTP。

【答案】 B

2. DNS 的作用是（　　）。
   A．将端口翻译成 IP 地址   B．将域名翻译成 IP 地址
   C．将 IP 地址翻译成 MAC 地址   D．将 MAC 地址翻译成 IP 地址

【解析】 DNS 的作用是进行域名解析的，正向解析是将域名解析为 IP 地址，反向解析是将 IP 地址解析为域名。

【答案】 B

3. 提供 FTP 服务的默认 TCP 端口号是（　　）。
   A．21   B．25
   C．23   D．80

【解析】 FTP 服务的默认 TCP 端口号是 21。

【答案】 A

4. 某服装设计部门需要配置一台服务器，用来管理部门的网上办公平台 OA 及 FTP 服务器，该部门没有专门配置系统管理员，因此建议该部门在服务器上安装（　　）操作系统。
   A．Windows 7   B．Windows Server 2008
   C．UNIX   D．Linux

【解析】 Windows 7 是面向桌面的操作系统，只适合个人办公使用，其他 3 种都是网络操作系统，UNIX 和 Linux 操作系统对技术要求比较高，需要专门的系统管理员才能够使用，而 Windows Server 2008 相对比较简单易用。

【答案】 B

5. Internet 上的域名系统 DNS（　　）。
   A．可以实现域名之间的转换   B．只能实现域名到 IP 地址的转换

C．只能实现 IP 地址到域名的转换　　D．可以实现域名与 IP 地址的相互转换

【解析】 DNS 的作用是进行域名解析的，正向解析是将域名解析为 IP 地址，反向解析是将 IP 地址解析为域名。

【答案】 D

6．以下命令可以显示 DNS 解析程序缓存内容的是（　　）。

A．ipconfig/ release 　　　　　　B．ipconfig/ renew

C．ipconfig /displaydns 　　　　　D．ipconfig/ flushdns

【解析】 ipconfig/displaydns 命令用于显示 DNS 解析程序缓存内容，ipconfig/flushdns 命令可以清除 DNS 解析程序缓存。

【答案】 C

7．在 WWW 服务器服务系统中，编制的 Web 页面应符合（　　）。

A．MIME 规范　　　　　　　　B．HTML 规范

C．HTTP 规范　　　　　　　　D．802 规范

【解析】 编制的 Web 页面应符合 HTML 规范。

【答案】 B

二、填空题

1．FTP 使用主动工作模式，建立数据连接时，FTP 服务器端使用的端口号是＿＿＿＿＿＿＿＿。

【解析】 若 FTP 使用主动工作模式，建立数据连接时，FTP 服务器端使用固定的端口号 20。

【答案】 20

2．Web 页面是一种结构化的文档，它采用的主要语言是＿＿＿＿＿＿＿＿。

【解析】 Web 页面也称为 HTML 文档，俗称网页，是一种结构化的文档，采用的主要语言是 HTML（超文本标记语言）。

【答案】 HTML

3．FTP 的含义是＿＿＿＿＿＿＿＿。

【解析】 FTP 是用来传送文件的协议（文件传输协议）。

【答案】 文件传输协议

4．如果在 DHCP 客户端手工释放 IP 地址，在调出的命令提示符窗口下应该输入＿＿＿＿＿＿＿＿。

【解析】 ipconfig /release 命令用于在 DHCP 客户端手工释放 IP 地址，在一般情况下，它与 ipconfig /renew 命令一起使用。

【答案】 ipconfig /release

5．如果在 DHCP 客户端手工向 DHCP 服务器提出刷新请求，请求租用一个 IP 地址，则在调出的命令提示符窗口下应该输入＿＿＿＿＿＿＿＿。

【解析】 ipconfig /renew 命令用于在 DHCP 客户端重新获取 IP 地址。在一般情况下，它与 ipconfig /release 命令一起使用。

【答案】 **ipconfig /renew**

三、判断题

1. 基于 VMware Workstation，可以在同一服务器上同时运行多台虚拟机。　　（　）

【解析】 在同一服务器上可以同时运行多台虚拟机，至于能够同时运行多少台虚拟机取决于服务器的硬件资源（主要是 CPU、内存、硬盘等）。

【答案】 正确

2. Web 服务器站点的 TCP 端口默认值是 8080。　　（　）

【解析】 Web 服务器站点的 TCP 端口默认值是 80。

【答案】 错误

3. 一台 Web 服务器可以同时启用多个 Web 站点服务。　　（　）

【解析】 一台 Web 服务器可以同时启用多个 Web 站点服务，每个 Web 站点的绑定设置（TP 地址、端口、主机名）要有所区别，否则会造成绑定冲突，而无法对外提供服务。

【答案】 正确

4. 安装 DHCP 服务器需要先手动设置 DHCP 服务器的 IP 地址。　　（　）

【解析】 安装 DHCP 服务器需要先手动设置 DHCP 服务器的 IP 地址，否则会提示设置 IP 地址后再安装。

【答案】 正确

5. DNS 是一种树形结构的域名空间。　　（　）

【解析】 DNS 是一种树形结构的域名空间，最顶层为根，接着分别为一级域名、二级域名，最后为主机名。

【答案】 正确

6. DNS 解析域名是按从前往后的顺序依次解析的。　　（　）

【解析】 根据 DNS 解析域名的过程，它是按从后往前的顺序依次解析的。

【答案】 错误

7. ping 命令的功能是查看 DNS、IP 地址、MAC 地址等信息。　　（　）

【解析】 ping 命令的功能是用来验证主机的网络连通性，ipconfig/all 命令可以查看 DNS、IP 地址、MAC 地址等信息。

【答案】 错误

8. 用户上网一定需要用到 DNS 服务。　　（　）

【解析】 如果用户知道要访问的网络资源服务器的 IP 地址，也可以直接使用 IP 地址进行访问。

【答案】 错误

9. DHCP 服务可以自动分配 IP 地址、网关地址等，但并不能提高 IP 地址的使用率。
（　　）

【解析】 DHCP 服务用来自动给 DHCP 客户端分配 P 地址、网关地址等，从而达到提高 IP 地址的使用率、减轻网络管理员工作负担的目的。

【答案】 错误

10. 浏览器与 Web 服务器之间使用的协议是 SNMP。（　　）

【解析】 浏览器与 Web 服务器之间使用的协议是 HTTP。

【答案】 错误

四、简答题

描述用两种不同方法发布网站的简要操作步骤。

【解析】（1）用主机名发布网站。

在 IIS 窗口中添加网站，输入相应的网站名称、物理路径，然后在"绑定"中设置类型为 http，IP 地址为全部未分配，端口为 80，重点设置主机名为网站的域名（如 www.fj.com），单击"确定"按钮即可。

（2）改变端口发布网站。

在 IIS 窗口中添加网站，输入相应的网站名称、物理路径，然后在"绑定"中设置类型为 http，IP 地址为全部未分配，重点设置端口为指定的端口（如 10000），主机名为空，单击"确定"按钮即可。

五、操作题

网络拓扑结构如图 6-4-1 所示。

图 6-4-1　网络拓扑结构

参考图 6-4-1 所示的网络拓扑结构，完成以下要求的配置。

（1）在 Windows Server 2008 R2 虚拟机上，按照网络拓扑结构图中所标注的 IP 地址完成以下网络参数配置：IP 地址、子网掩码、默认网关，DNS 服务器 IP 地址为 202.101.0.1。配置完成后，打开系统中的命令提示符窗口，通过相应的命令查看配置结果；截取包含命令和命令运行整体结果的窗口。

参考截图如图 6-4-2 所示。

图 6-4-2　参考截图（1）

（2）在虚拟机上安装 DHCP 服务器。创建两个作用域，作用域名称为 net1 和 net2，分别用于给子网 1 和子网 2 的 DHCP 客户端分配 IP 地址、子网掩码、默认网关及 DNS 服务器 IP 地址，其中 DNS 服务器 IP 地址为 202.101.0.1，作用域的 IP 地址范围为所在网络的全部 IP 地址，其他参数参照网络拓扑结构图进行配置。配置完成后，分别截取两个作用域下能显示 IP 地址池和作用域选项完整信息的窗口。

参考截图如图 6-4-3~图 6-4-6 所示。

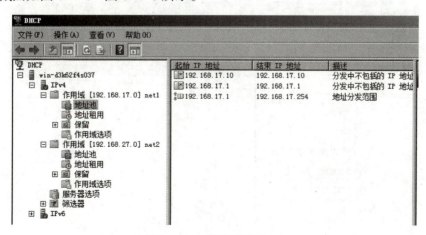

图 6-4-3　参考截图（2）

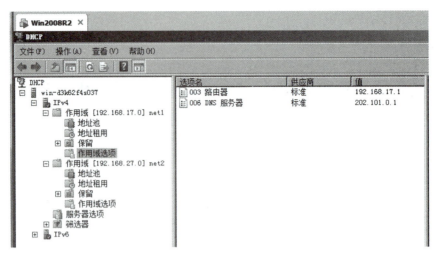

图 6-4-4 参考截图（3）

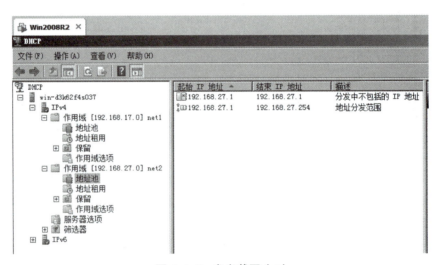

图 6-4-5 参考截图（4）

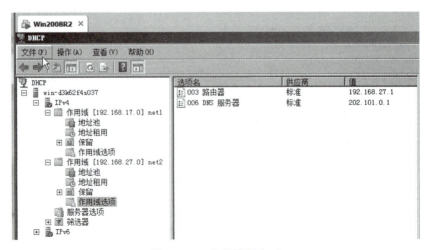

图 6-4-6 参考截图（5）

（3）在虚拟机上，安装 DNS 服务器。在该 DNS 服务器上为本机注册两个域名地址——www.test2020.com、ftp.test2020.com，要求其中第一个为主机记录，第二个为别名记录，同时创建反向查找区域，为本机创建一个反向指针记录。截取正向查找区域下能显示这两条记录的窗口和反向查找区域下能显示反向指针记录的窗口。

参考截图如图 6-4-7、图 6-4-8 所示。

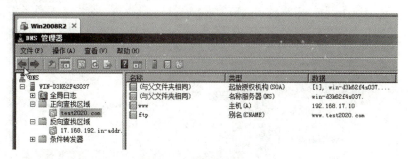

图 6-4-7　参考截图（6）

图 6-4-8　参考截图（7）

（4）在虚拟机上，配置其作为本机的 DNS 服务器的客户端。打开系统中的命令提示符窗口，使用命令 nslookup 测试两个域名 www.test2020.com、ftp.test2020.com 的解析结果，并截取包含命令和命令运行整体结果的窗口。

参考截图如图 6-4-9 所示。

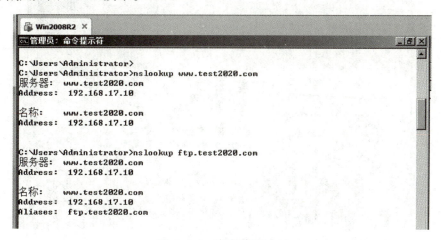

图 6-4-9　参考截图（8）

（5）在虚拟机上，安装 WWW 服务器，更改已安装好的 Default Web Site 站点的 IP 地址为 192.168.17.10，端口号为 1028，配置完成后，用鼠标右键单击 Default Web Site 站点，选择菜单中的"管理网站"→"高级设置"选项，截取"高级设置"对话框；打开浏览器连接所配置的 Web 站点，截取连接完成后的浏览器窗口。

参考截图如图 6-4-10、图 6-4-11 所示。

图 6-4-10　参考截图（9）

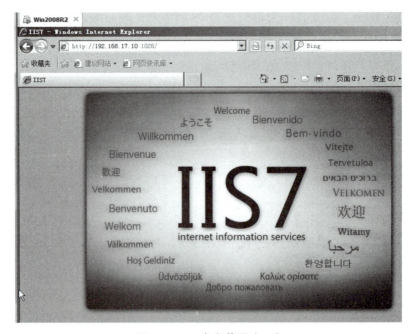

图 6-4-11　参考截图（10）

单元 7

Visual Basic程序设计基础

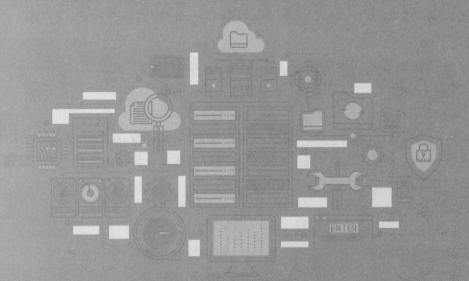

7.1 Visual Basic 集成环境及窗口应用

知识测评

一、单项选择题

1. 下列关于 Visual Basic 的叙述中，正确的是（　　）。
   A．一个工程只能有一个窗体　　　　B．一个窗体对应一个窗体文件
   C．窗体文件的扩展名是".vbp"　　　D．对象就是窗体

【解析】 本题考查 Visual Basic 的窗体基本概念。一个工程至少有一个窗体，一个窗体对应一个窗体文件，窗体的扩展名为".frm"。在 Visual Basic 中，对象主要指窗体和控件。

【答案】 B

2. Visual Basic 集成开发环境有 3 种工作状态，不属于 3 种工作状态之一的是（　　）。
   A．设计状态　　　　　　　　　　　B．编写状态
   C．运行状态　　　　　　　　　　　D．中断状态

【解析】 本题考查 Visual Basic 集成开发环境的 3 种工作状态，它们分别是设计状态、中断状态和运行状态。

【答案】 B

3. 打开 Visual Basic 集成环境后，默认显示的工具栏是（　　）。
   A．编辑工具栏　　　　　　　　　　B．标准工具栏
   C．调试工具栏　　　　　　　　　　D．窗体工具栏

【解析】 本题考查 Visual Basic 集成开发环境的组成，Visual Basic 6.0 提供了 4 种工具栏，包括编辑工具栏、标准工具栏、窗体编辑器工具栏和调试工具栏。在一般情况下，启动 Visual Basic 6.0 后，默认显示标准工具栏。

【答案】 B

4. Visual Basic 程序设计语言属于（　　）。
   A．面向过程的语言　　　　　　　　B．面向问题的语言
   C．面向对象的语言　　　　　　　　D．面向机器的语言

【解析】 本题考查 Visual Basic 的主要特点。Visual Basic 支持面向对象的程序设计。

【答案】 C

5．启动 Visual Basic 后，系统中默认的工程名称是（   ）。

A．工程 1   B．窗体

C．工程   D．窗体 1

【解析】 本题考查 Visual Basic 的窗体窗口。启动 Visual Basic 后，默认的工程名称为"工程 1"。

【答案】 A

二、填空题

1．窗体文件的扩展名为＿＿＿＿＿，工程文件的扩展名为＿＿＿＿＿，标准模块文件的扩展名为＿＿＿＿＿。

2．Visual Basic 6.0 集成开发环境有 3 种工作状态，它们分别是：＿＿＿＿＿状态、＿＿＿＿＿状态和＿＿＿＿＿状态。

3．标题栏显示＿＿＿＿＿和＿＿＿＿＿。

4．启动 Visual Basic 6.0 后，系统为用户建立一个窗体，在默认情况下该窗体的临时名称是＿＿＿＿＿。

5．Visual Basic 6.0 提供的＿＿＿＿＿以树形图的方式对其资源进行管理。

【答案】

1．frm ，.vbp ，.bas

2．设计，中断，运行

3．项目标题，当前工作模式

4．Form1

5．工程资源管理器

三、简答题

1．写出 Visual Basic 集成环境的主要窗口。

答：Visual Basic 集成环境的主要窗口有主窗口、工具箱窗口、窗体窗口、工程资源管理器窗口、属性窗口、窗体布局窗口、代码窗口和立即窗口。

2．写出 Visual Basic 应用程序开发的主要步骤。

（1）建立可视化的用户界面；

（2）设置对象属性；

（3）编写代码；

（4）运行和调试程序；

（5）保存文件。

7.2 Visual Basic 相关概念

知识测评

一、单项选择题

1. 要想改变一个窗体的标题，则应设置（　　）属性的值。
   A．FontName　　　　　　　　B．Caption
   C．Name　　　　　　　　　　D．Text

   【解析】 本题主要考查窗体的常用属性。
   【答案】 B

2. 在运行时，系统自动执行启动窗体的（　　）事件过程。
   A．Click　　　　　　　　　　B．GotFocus
   C．Load　　　　　　　　　　D．Unload

   【解析】 本题主要考查窗体的常用事件。
   【答案】 C

3. 下列关于设置控件属性的叙述正确的是（　　）。
   A．用户必须设置属性值，否则属性值为空
   B．所有属性值都可以由用户随意设定
   C．属性值不必一一重新设置
   D．不同控件的属性项完全一样

   【解析】 本题主要考查属性的相关概念。
   【答案】 C

4. 想要设置窗体的字体颜色，应该设置（　　）属性的值。
   A．Font　　　　　　　　　　B．FontColor
   C．ForeColor　　　　　　　　D．BackColor

   【解析】 本题主要考查窗体的常用属性。
   【答案】 C

5. 程序运行时，单击窗体 F1 时，窗体标题清除，以下哪个是正确的代码？（　　）
   A.
   ```
   Private Sub F1_Click()
   ```
   B.
   ```
   Private Sub Form_Click()
   ```

F1.Caption=" "   F1.Caption=" "
End Sub   End Sub

C.   D.

PrivateSubF1_Click()   PrivateSubForm_Click()

   F1.Cls   F1.Cls

End Sub   End Sub

【解析】 本题主要考查事件过程的一般格式。

【答案】 B

二、填空题

1. 窗体 Form1 使用 Show 方法，可写成_____。

2. 修改窗体 F2 的标题为"第一页"的代码为_____。

3. 想要设置窗体的最大化按钮不可用，应将_____属性的属性值设置为_____。

4. 在窗体 Frm1 中打印字符串"HelloWorld"的代码为_____。

5. 设置对象的属性值有两种方法，一种是在设计期在属性窗口中设置，另一种是在运行期设置，设置格式为_____。

【答案】

1. Form1.Show

2. F2.Caption=" 第一页 "

3. MaxButton False

4. Frm1.print ="Hello World"

5. 对象名.属性名=新设置的属性值

三、简答题

1. 简述什么是对象。

【解析】 对象是程序中可区分、可识别的实体。对象包含了对象的属性、作用于对象的方法和对象的事件。在 Visual Basic 中，对象主要是指窗体和控件；用户可以自己设计对象，也可以使用系统自带的对象。

2. 请简述窗体的常用方法。

【解析】 （1）Print 方法；（2）Cls 方法；（3）Show 方法；（4）Hide 方法。

四、操作题

1. 设计一个 Visual Basic 程序，程序运行后，单击窗体时窗体标题改为"测试"；单击"输出"按钮时窗体上打印"计算机类职业技能考试"；双击窗体时清除窗体上打印的文本，同时清除窗体标题，效果如图 7-2-1~图 7-2-3 所示。

图 7-2-1 单击窗体

图 7-2-2 单击"输出"按钮

图 7-2-3 双击窗体

编写如下事件过程。

```
Private Sub Form_Click()                '单击窗体事件
    Form1.Caption ="测试"
End Sub
Private Sub Command1_Click()            '单击命令按钮事件
    Print "计算机类职业技能考试"
End Sub
Private Sub Form_DblClick()             '双击窗体事件
    Cls
    Form1.Caption = " "
End Sub
```

2. 设计一个 Visual Basic 程序,程序运行后,单击窗体时加载背景图片" bg.jpg",双击窗体时清除背景图片,效果如图 7-2-4、图 7-2-5 所示。

图 7-2-4 单击窗体显示图片   图 7-2-5 双击窗体清除图片

编写如下事件过程。

```
Private Sub Form_Click()
    F1.Picture = LoadPicture("D:\bg.jpg")      'D盘根目录下的背景图片bg.jpg
End Sub
Private Sub Form_DblClick()
    F1.Picture = LoadPicture(" ")
End Sub
```

7.3 Visual Basic 数据类型及运算符

知识测评

一、选择题

1. 以下哪一个数不是 Integer 类型的整数？（ ）
   A. 255　　　　　　　　　　B. 256
   C. 32 767　　　　　　　　　D. 32 768

   【解析】 本题主要考查 Visual Basic 数据类型，Integer 类型的整数占用两个字节，取值范围为 −32 768 ～ 32 767。

   【答案】 D

2. 长整型数据在内存中占（ ）个字节。
   A. 1　　　　　　　　　　　B. 2
   C. 4　　　　　　　　　　　D. 8

   【解析】 本题主要考查 Visual Basic 数据类型，长整型数据在内存中占用 4 个字节。

   【答案】 C

3. 类型符 $ 是声明（ ）类型变量的类型定义符。
   A. Integer　　　　　　　　　B. Variant
   C. Single　　　　　　　　　 D. String

   【解析】 本题主要考查 Visual Basic 数据类型，$ 是声明 String 类型变量的类型定义符。

   【答案】 D

4. （ ）是单精度浮点型变量的类型符。
   A. %　　　　　　　　　　　B. !
   C. #　　　　　　　　　　　D. &

   【解析】 本题主要考查 Visual Basic 数据类型，! 是单精度浮点型变量的类型符。

   【答案】 B

5. 在 ^、\、/、Mod、* 5 个算术运算符中，优先级最高的是（ ）。
   A. /　　　　　　　　　　　B. ^
   C. Mod　　　　　　　　　　D. *

   【解析】 本题主要考查 Visual Basic 常见算术运算符的优先级。以上算术运算符的优先级从高到低依次是 ^、\、*、/、Mod。其中 * 和 / 的优先级一致，它们同时出现的时候按照从左到右的顺序计算。

【答案】 B

6. 下列选项中，（　　）不是一个合法的字符串常量。

A. "January 8，2014"　　　　　　B. 2+3=7

C. " 字符串 "　　　　　　　　　D. "December"

【解析】 本题主要考查 Visual Basic 的字符串类型。在 Visual Basic 中，用一对双引号作为字符串的界定符。

【答案】 B

7. 下列选项中，（　　）是合法的日期常量。

A. "01/12/2022"　　　　　　　　B. 01/12/22

C. #01/12/22#　　　　　　　　　D. {01/12/2022}

【解析】 本题主要考查 Visual Basic 的日期型类型。在 Visual Basic 中，用一对 # 号作为日期常量的界定符。

【答案】 C

8. 表达式 7 Mod 3 + 9 \ 4 的结果是（　　）。

A. 2　　　　　　　　　　　　　B. 3

C. 4　　　　　　　　　　　　　D. 3.35

【解析】 本题主要考查 Visual Basic 的算术运算符。

【答案】 A

9. 下面四个表达式中值为 0 的是（　　）。

A. 2/5　　　　　　　　　　　　B. 5 Mod 2

C. 2\5　　　　　　　　　　　　D. 2 mod 5

【解析】 本题主要考查 Visual Basic 的算术运算符。

【答案】 C

10. 表达式 7 \ 3 + 5 mod 2 > 3^2 / 6 的值是（　　）。

A. True　　　　　　　　　　　　B. False

C. 0　　　　　　　　　　　　　D. 1

【解析】 本题主要考查 Visual Basic 的算术运算符。

【答案】 A

二、填空题

1. 长整型数据的声明符是_____。

2. 在逻辑运算中，_____运算是参与运算的两个表达式都为 False 时，结果才是 False。

3. 表达式（3+7*3）/2 的值为_____。

4. 表达式 3^3+8 的值为_____。

5. 表达式 #11/22/22#-10 的值为_____。

【答案】

1. &

2. Or

3. 12

4. 35

5. #11/12/22#

三、简答题

1. Visual Basic 中的数据类型主要有哪几种？

【解析】 Visual Basic 中的数据类型主要有字符型、数值型、布尔型、日期型、变体型和对象型。

2. Visual Basic 中常见的运算符有哪几种？

【解析】 Visual Basic 中常见的运算符有算术运算符、关系运算符、逻辑运算符和字符运算符。

四、操作题

1. 输入以下程序段，分析运行结果。

```
Private Sub Command1_Click()
  a = 4: b = 2
  Print a; b
  Print a Mod b
  Print a > b, a < b
  Print #03/01/2023#
  Print "BeiJing"; "CHINA"
End Sub
```

2. 设计一个 Visual Basic 程序，程序运行后，在文本框中输入一个两位数，单击"求和"按钮，在对应标签中显示该数的个位数字、十位数字以及个位数字和十位数字之和，效果如图 7-3-1 所示。

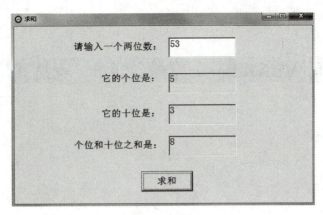

图 7-3-1 求和

编写如下事件过程。

```
Private Sub Command1_Click()
  a = Val(Text1.Text) Mod 10          '求个位
  b = Val(Text1.Text) \ 10            '求十位
  Label3.Caption = a
  Label5.Caption = b
  Label7.Caption = a + b
End Sub
```

7.4 Visual Basic 常量、变量、表达式的定义及应用

知识测评

一、选择题

1. 以下合法的 Visual Basic 变量名是（　　）。
   A．For_Loop   B．const
   C．9a   D．a-x

【解析】 本题主要考查 Visual Basic 变量命名规则。变量名必须以字母开头；变量名只包含字母、数字或下划线；变量名不区分大、小写；变量名的有效字符为 255 个；变量名不用保留名。

【答案】 A

2. 以下声明语句正确且符合声明规范的是（　　）。
   A．Const var1%=34000   B．Const a，b As Integer=1
   C．Const pi# = 3.1415926   D．Const S As Integer = "well"

【解析】 本题主要考查 Visual Basic 常量声明和赋值。Const 常量名 As 类型名 = 表达式 [，常量名 As 类型名 = 表达式]……，其中 Const 为关键字，符号常量声明的时候直接赋值，但是只能被赋值一次，在后续程序中不能再被赋值。

【答案】 C

3. Visual Basic 认为（　　）是同一个变量。
   A．Aver 和 Average   B．Sum 和 Summer
   C．Abc1 和 ABC1   D．A1 和 A_1

【解析】 本题主要考查变量命名规则。变量名不区分大、小写。

【答案】 C

4. 要声明一个长度为 10 个字符的定长字符串 s，以下选项中（　　）是正确的。
   A．Dim s as string   B．Dim s as string10
   C．Dim s as string [10]   D．Dim S as string*10

【解析】 本题主要考查字符串变量，字符串变量与其他变量有所不同，可以分为变长字符串的声明和定长字符串的声明两种。在一般情况下，在程序设计中都将变量声明为变长字符串，即字符串变量的长度取决于给该变量的赋值。

【答案】 D

5. 符号！是声明（　　）类型变量的类型定义符。

A．Integer　　　　　　　　　　B．Variant

C．Single　　　　　　　　　　　D．String

【解析】 本题主要考查 Visual Basic 数据类型的类型符。

【答案】 C

二、填空题

1. 若 X=-10，Y=6，表达式 X>0 or Y<=0 的逻辑值为_____；NOT（X>Y）的逻辑值为_____。

2. 关系式 -3≤X≤3 所应的逻辑表达式是_____。

3. 表示 x 是 3 的倍数，且个位数为 3 的逻辑表达式是_____。

4. n 是小于 10 的非负数，对应的逻辑表达式是_____。

5. 表示条件"变量 n 为能被 5 整除的偶数"的逻辑表达式是_____。

【答案】

1. False True

2. X>=-3 And X<=3

3. x Mod 3=0 A x Mod 10=3

4. n<10 A n>=0

5. n Mod 5=0 A n Mod 2=0

三、简答题

1. 变量的命名规则有哪些？

【解析】（1）变量名必须以字母开头；

（2）变量名只包含字母、数字或下划线；

（3）变量名不区分大、小写；

（4）变量名的有效字符为 255 个；

（5）变量名不用保留名，如 For，Print，Dim，Rem，Form 等 Visual Basic 保留字不能作为变量名。

2. 如果在一个 Visual Basic 表达式中同时包含函数、逻辑运算符、关系运算符和算术运算符，它们的运算顺序是什么？

【解析】 如果在一个 Visual Basic 表达式中同时包含函数、逻辑运算符、关系运算符和算术运算符，则它们的运算顺序为：函数运算 > 算术运算 > 关系运算 > 逻辑运算。

四、操作题

1. 输入以下程序段，分析运行结果。

```
Private Sub Command1_Click()
Dim a%, b%
Dim c, d As String
a = 23: b = 35: c = "CHINA": d = "ShangHai"
Print a; b; a * (a - b); a * (b - a)
Print a \ 10 Mod 5; b \ 10 Mod 5
Print (a - b) < (a + b)
Print c & d
End Sub
```

2. 设计一个 Visual Basic 程序，在文本框 Text1 中输入秒数，单击"换算"按钮，将输入的秒数换算成对应的时、分、秒并将结果显示在对应的文本框中，效果如图 7-4-1 所示。

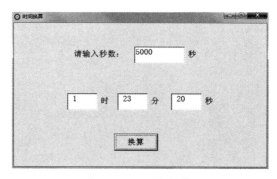

图 7-4-1 时间换算

编写如下事件过程。

```
Private Sub Command1_Click()
Dim n As Single
Dim s%, f%, m%
n = Val(Text1.Text)
s = n \ 3600                '换算成小时
f = n \ 60 Mod 60           '换算成分钟
m = n Mod 60                '换算成秒钟
Text2.Text = Str(s)
Text3.Text = Str(f)
Text4.Text = Str(m)
End Sub
```

7.5 Visual Basic 常用内部函数的应用

一、选择题

1. 表达式 Int（-16.7）+Sgn（10.6）的值是（　　）。
A．18　　　　　　　　　　B．-17
C．-18　　　　　　　　　　D．-16

【解析】 本题主要考查常用的数学函数。Int（）是取整函数，Sgn（）是符号函数。Int（-17.6）的值为 -17，Sgn（10.6）的值为 1。

【答案】 D

2. 表达式 Left（"Visual Basic"，3）的值是（　　）。
A．Vis　　　　　　　　　　B．vis
C．sic　　　　　　　　　　D．SIC

【解析】 本题主要考查常用的字符串函数。Left（）函数的功能是取字符串左边的 n 个字符。

【答案】 A

3. 表达式 Right（"XiaMen"，4）的值是（　　）。
A．xiam　　　　　　　　　　B．Xiam
C．aMen　　　　　　　　　　D．amen

【解析】 本题主要考查常用的字符串函数。Right（）函数的功能是取字符串右边的 n 个字符。

【答案】 C

4. 表达式 Abs（-6）+Len（"jineng"）的值是（　　）。
A．6jineng　　　　　　　　　B．0 6jineng
C．10　　　　　　　　　　　 D．12

【解析】 本题主要考查字符串函数 Len（）和绝对值函数 Abs（）的用法。Len（s）函数的功能是求字符串 s 的长度，Abs（n）函数的功能是求 n 的绝对值。

【答案】 D

5. 表达式 Mid（"ChengXuSheJi"，6，3）的值是（　　）。
A．ChengX　　　　　　　　　B．XuS

C. eJi D. xus

【解析】 本题主要考查常用的字符串函数。Mid（s，m，n）函数的功能是从第m个字符开始取n个字符。

【答案】 B

6. 表达式 Len（Str（Val（"123.4"）））的值为（　　）。

A. 11 B. 5
C. 6 D. 8

【解析】 本题主要考查字符串函数Len（）和转换函数Val（）、Str（）的用法。Str（）函数的功能是将数值转换为字符串，非负数值保留符号位。

【答案】 C

7. 表达式 Day（#12/11/22#）的值是（　　）。

A. 11 B. 12
C. 22 D. 2022

【解析】 本题主要考查日期函数Day（），其功能是返回日期d的天数。

【答案】 A

8. 下列表达式中能产生任意一个随机3位正整数的是（　　）。

A. Int（Rnd*899+100） B. Int（Rnd（）*900+100）
C. Int（Rnd*100+900） D. Int（Rnd*1000）

【解析】 本题主要考查随机函数。公式Int（（上界−下界+1）*Rnd+下界）生成[下界，上界]范围内的随机整数。

【答案】 B

9. 想要把ASCII码转换为对应的字符，应该使用（　　）函数。

A. Oct（） B. Asc（）
C. Chr（） D. Hex

【解析】 本题主要考查转换函数。Chr（x）函数的功能是求ASCII码值为x的字符，其中x的取值范围为0～255。

【答案】 C

10. 请写出表达式 Format（3.1415，"0.00"）的值（　　）。

A. 3.141500 B. 03.14
C. 3.14 D. 3.1415

【解析】 本题主要考查格式化函数。

【答案】 C

二、填空题

1. 已知s为用户输入的英文名，写出将其自动更正为首字母大写，其余字母小写的格式的表达式：_____。

2. 已知小明同学的出生日期为 d（日期型），请写出计算小明同学今年几岁的表达式：_____。

3. 请写出随机产生两位正整数的表达式：_____。

4. 请写出产生 –10～10 的随机整数的表达式：_____。

5. 请写出满足如下条件的表达式——求长度为 3 的字符串 s 的倒序（如"xyz"变为"zyx"）：_____。

【答案】

1. Ucase(Left(s, 1)) & Lcase(Right(s, len(s)-1))
2. Date-Year(d)
3. Int(Rnd( )*90+10)
4. Int(Rnd( )*21-10)
5. Right(s, 1) & mid(s, 2, 1) &Left(s, 1)

三、简答题

1. Visual Basic 中常用的内部函数有哪些？

【解析】 Visual Basic 中常用的内部函数大体上分为五大类：数学函数、字符串函数、日期与时间函数、转换函数和随机函数。除了以上五大类，还有经常用到的其他函数，如格式输出函数。

2. Visual Basic 中常用的转换函数有哪些？

【解析】 Asc(s) 函数返回字符串中首字符的 ASCII 码值；

Chr(x) 函数将 ASCII 码值 x 转换为字符；

Val(s) 函数将数字字符串 x 转换为数值；

Str(x) 函数将数值转换为字符串，非负数值保留符号位；

CStr(x) 函数将数值转换为字符串，非负数值不保留符号位；

Hex(x) 函数将十进制数 x 转换为对应的十六进制数；

Oct(x) 函数将十进制数 x 转换为对应的八进制数。

四、操作题

设计一个 Visual Basic 程序，单击"随机验证码"按钮，在标签 Label2、Label3、Label4、Label5 中依次显示一个随机大写字母、一个 [0, 9] 范围内的随机数字、一个随机小写字母、一个 [0, 9] 范围的随机数字，由 4 个字符组成一组随机验证码，并将验证码显示在 Label1 标签中，效果如图 7-5-1 所示。

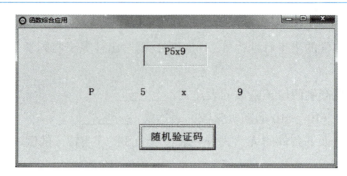

图 7-5-1 随机验证码

编写如下事件过程。

```
Private Sub Command1_Click()
    Randomize                               '初始化随机数发生器
    Label1.Caption=""                       ' 清空 Label1
    Label3.Caption= Str(Int(Rnd*10))        '0~9 的任意整数
    Label2.Caption = Chr(Int(Rnd*26 + 65))  'A~Z 的任意大写字母
    Label4.Caption = Chr(Int(Rnd*26 +97))   'a~z 的任意小写字母
    Label5.Caption =Str(Int(Rnd*10))        '0~9 的任意整数
    Label1.Caption  =Trim(Label2.Caption)+Trim(Label3.Caption)+Trim(Label4.Caption)+Trim(Label5.Caption)     '去除空格后连接
End Sub
```

单元 7　Visual Basic 程序设计基础

 7.6　Visual Basic 数据输入与输出

一、选择题

1．rint 方法不可以在（　　）上输出。

A．图像框　　　　　　　　　　　B．打印机

C．图片框　　　　　　　　　　　D．窗体

【解析】　本题主要考查 Print 方法。Print 方法可在窗体、图片框（Picture）、立即窗口（Debug）、打印机（Printer）上输出信息。

【答案】　A

2．语句 Print"7*6="；7*6 的输出结果为（　　）。

A．7*6=7*6　　　　　　　　　　B．7*6=7*6

C．7*6=42　　　　　　　　　　　D．7*6=42

【解析】　本题主要考查 Print 方法。对于数值表达式，Print 方法打印出表达式的值。

【答案】　C

3．执行语句 x = InputBox("a", "b", "c") 后，所产生对话框的标题为（　　）。

A．a　　　　　　　　　　　　　　B．b

C．工程 1　　　　　　　　　　　D．c

【解析】　本题主要考查 InputBox（）函数。第二个参数表示指定对话框的标题。

【答案】　B

4．执行语句 x=MsgBox("aaa",, "bbb") 后，所产生的信息框标题为（　　）。

A．aaa　　　　　　　　　　　　　B．bbb

C．工程 1　　　　　　　　　　　D．空

【解析】　本题主要考查 MsgBox（）函数。第三个参数表示指定对话框的标题。

【答案】　B

5．执行语句 MsgBox "AAA", 1, "BBB" 后，所产生的信息框有（　　）个按钮。

A．1　　　　　　　　　　　　　　B．2

C．3　　　　　　　　　　　　　　D．随机

【解析】　本题主要考查 MsgBox（）函数。第二个参数表示按钮数量及类型。

【答案】　B

二、简答题

简述 MsgBox 语句和 MsgBox（ ）函数的异同点有哪些？

【解析】 MsgBox 语句和 MsgBox（ ）函数的相同点有功能一致、3 个参数一致；不同点是 MsgBox（ ）函数有括号和返回值，而 MsgBox 语句没有括号和返回值。

三、操作题

设计一个 Visual Basic 程序，界面如图 7-6-1 所示，正确的用户名为"admin"，密码为"123"。单击"确定"按钮后，如果输入的用户名和密码正确，则弹出图 7-6-2 所示"密码正确"提示对话框；输入密码正确后若单击对话框中的"确定"按钮，则进入图 7-6-3 所示 Form2 窗体，若单击对话框中的"取消"按钮，则退出整个程序。如果输入的用户名和密码错误，则弹出图 7-6-4 所示"密码错误"提示对话框；单击"清除"按钮可以清除文本框中输入的内容。

图 7-6-1 输入用户名和密码

图 7-6-2 密码正确

图 7-6-3 单击"确定"按钮

图 7-6-4 密码错误

编写如下事件过程。

```vb
Private Sub Command1_Click()
Dim m$, n$
m = Text1.Text
n = Text2.Text
If m = "admin" And n = "123" Then
    f = MsgBox("密码正确", 1, "提示")
      If f = 1 Then
          Me.Hide
        Form2.Show
    End If
    If f = 2 Then
        End
        End If
Else
    MsgBox "密码错误", 0, "提示"
End If
End Sub
Private Sub Command2_Click()
Text1.Text = " "
Text2.Text = " "
End Sub
```

7.7 单元测试

一、选择题

1. （　　）是合法的字符串型常量。

   A．11/12/2010　　　　　　　　B．"11/12/2010"

   C．#11/12/2010#　　　　　　　D．#11，12，2010#

   【解析】 本题主要考查基本数据类型。字符串型常量以一对双引号作为界定符。

   【答案】 B

2. 下列变量名中，（　　）是不符合 Visual Basic 的命名规范的。

   A．Abc91　　　　　　　　　　B．print

   C．price_　　　　　　　　　　D．K_2

   【解析】 本题主要考查 Visual Basic 变量命名规则。变量名必须以字母开头；变量名只包含字母、数字或下划线；变量名不区分大、小写；变量名的有效字符为 255 个；变量名不用保留名。

   【答案】 B

3. Visual Basic 认为（　　）是同一个变量。

   A．Aver 和 Average　　　　　　B．Sum 和 Summary

   C．A1 和 A1　　　　　　　　　D．A1 和 A_1

   【解析】 本题主要考查变量命名规则。变量名不区分大、小写。

   【答案】 C

4. 要声明一个长度为 16 个字符的定长字符串 str，以下选项中（　　）是正确的。

   A．Dim str as string　　　　　　B．Dim str as string16

   C．Dim str as string [16]　　　　D．Dim str as string*16

   【解析】 本题主要考查字符串变量。字符串变量与其他变量有所不同，可以分为变长字符串的声明和定长字符串的声明两种。在一般情况下，在程序设计中都将变量声明为变长字符串，即字符串变量的长度取决于给该变量的赋值。

   【答案】 D

5. 符号 % 是声明（　　）类型变量的类型定义符。

   A．Integer　　　　　　　　　　B．Variant

   C．Single　　　　　　　　　　D．String

【解析】 本题主要考查基本数据类型。% 是 Integer 的类型定义符。

【答案】 A

6. 长整型数据以（　　）个字节的二进制码表示和参加运算。

   A. 1　　　　　　　　　　　　　　B. 2
   C. 4　　　　　　　　　　　　　　D. 8

【解析】 本题主要考查基本数据类型。长整型数据以 4 个字节存储。

【答案】 C

7. \、/、Mod、* 等 4 个算术运算符中，优先级最低的是（　　）。

   A. /　　　　　　　　　　　　　　B. \
   C. Mod　　　　　　　　　　　　　D. *

【解析】 本题主要考查 Visual Basic 常见算术运算符的优先级。以上算术运算符的优先级从高到低依次是 \、*/、Mod。其中 * 和 / 的优先级一致，它们同时出现的时候按照从左到右的顺序计算。

【答案】 C

8. 表达式 Mid("SHANGHAI", 6, 3) 的值是（　　）。

   A. SHANGH　　　　　　　　　　　B. SHA
   C. ANGH　　　　　　　　　　　　D. HAI

【解析】 本题主要考查常用的字符串函数。Mid（s, m, n）函数的功能是从第 m 个字符开始取 n 个字符。

【答案】 D

9. 表达式 25.28 Mod 6.99 的值是（　　）。

   A. 1　　　　　　　　　　　　　　B. 5
   C. 4　　　　　　　　　　　　　　D. 3

【解析】 本题主要考查常用的算术运算符。Mod 运算符的左、右两边是小数时，先进行四舍五入再进行 Mod 运算。

【答案】 C

10. 表达式 (-1)*Sgn(-100+Int(Rnd*100)) 的值是（　　）。

    A. 0　　　　　　　　　　　　　　B. 1
    C. -1　　　　　　　　　　　　　 D. 随机数

【解析】 本题主要考查常用函数 Sgn( )、Int( ) 和 Rnd( ) 的用法。

【答案】 B

11. 语句 Print "Int(-13.2)="; Int(-13.2) 的输出结果为（　　）。

    A. Int(-13.2) = -13.2　　　　　B. Int(-13.2) = 13.2
    C. Int(-13.2) = -13　　　　　　D. Int(-13.2) = -14

【解析】 本题主要考查常用函数 Int( ) 的用法。

【答案】 D

12. 产生[10, 37]范围内的随机整数的Visual Basic表达式是（ ）。

   A．Int（Rnd（1）*27）+10　　　　B．Int（Rnd（1）*28）+10
   C．Int（Rnd（1）*27）+11　　　　D．Int（Rnd（1）*28）+11

   【解析】 本题主要考查随机函数。公式Int（（上界－下界＋1）* Rnd＋下界）生成[下界，上界]范围内的随机整数。

   【答案】 B

13. 设a、b、c表示三角形的3条边，表示条件"任意两边之和大于第三边"的表达式是（ ）。

   A．a＋b>Or a＋c>b Or b＋c > a
   B．a＋b < c And a＋c < b And b＋c < a
   C．a＋b <c Or a＋c < b Or b＋c < a
   D．a＋b >c And a＋c > b And b＋c >a

   【解析】 本题主要考查Visual Basic表达式。"任意两边之和大于第三边"对应的Visual Basic表达式应该使用逻辑运算符And。3个条件需要同时满足。

   【答案】 D

14. 设A="12345678"，则表达式Val（Left（a，4）+Mid（a，4，2））的值为（ ）。

   A．123456　　　　　　　　　　B．123445
   C．8　　　　　　　　　　　　　D．6

   【解析】 本题主要考查常用函数Val（）、Left（）和Mid（）的用法。

   【答案】 B

15. 表达式（7\3＋1）*（18\5-1）的值是（ ）。

   A．8.67　　　　　　　　　　　 B．7.8
   C．6　　　　　　　　　　　　　D．6.67

   【解析】 本题主要考查常用的算术运算符。

   【答案】 C

16. 函数UCase（Mid（"visual basic"，8，8））的值为（ ）。

   A．visual　　　　　　　　　　 B．basic
   C．VISUAL　　　　　　　　　　 D．BASIC

   【解析】 本题主要考查常用的内部函数Ucase（）、Mid（）的用法。

   【答案】 D

17. 用于获得字符串S从第2个字符开始的3个字符的函数是（ ）。

   A．Mid$（S, 2, 3）　　　　　　 B．Middle（S, 2, 3）
   C．Right$（S, 2, 3）　　　　　 D．Left$（S, 2, 3）

   【解析】 本题主要考查常用的内部函数Mid（）的用法。

【答案】 A

18．表示学生身高（单位：米）的变量可以定义为（　　）类型。

A．String　　　　　　　　　B．Single

C．Date　　　　　　　　　　D．Integer

【解析】 本题主要考查基本数据类型的适用范围。

【答案】 D

19．执行语句 a = InputBox（"AAA"，"BBB"，"CCC"）后，所产生对话框的标题为（　　）。

A．AAA　　　　　　　　　　B．BBB

C．工程 1　　　　　　　　　D．CCC

【解析】 本题主要考查 InputBox（）函数。第二个参数表示指定对话框的标题。

【答案】 B

20．执行语句 a = MsgBox（"CCC"，，"BBB"）后，所产生的信息框标题为（　　）。

A．CCC　　　　　　　　　　B．BBB

C．工程 1　　　　　　　　　D．空

【解析】 本题主要考查 MsgBox（）函数。第三个参数表示指定对话框的标题。

【答案】 B

二、填空题

1．进行逻辑运算时，参与运算的两个变量都为 False 时，结果才是 False 的是＿＿＿＿运算。

2．进行逻辑运算时，参与运算的两个变量都为 True 时，结果才是 True 的是＿＿＿＿运算。

3．代数式 $X_1-|a|+\ln 10+\dfrac{\sin(X_2+2\pi)}{\cos b}$ 对应的 Visual Basic 表达式是＿＿＿＿。

4．设 A=2，B=−2，则表达式 a / 2 + 1 > b + 5 Or b * (−2)= 6 的值是＿＿＿＿。

5．设 A=2，B=−4，则表达式 3 * a > 5 Or b + 8 < 0 的值是＿＿＿＿。

6．表达式（2+8*3）/2 的值为＿＿＿＿。

7．表达式 3^2+8 的值为＿＿＿＿。

8．使用 Visual Basic 随机函数产生 200~300（包括 200 和 300）的随机整数，表达式为＿＿＿＿。

9．x 是能被 7 整除的两位数，用 Visual Basic 表达式表示为＿＿＿＿。

10．用 Visual Basic 表达式表示两位正整数 n 的逆序（如 12 变为 21）：＿＿＿＿。

【答案】

1．Or

2. And

3. X1-Abs(a)+Log(10)+sin(x2+2*3.14)/cos(b)

4. False

5. True

6. 13

7. 17

8. Int(Rnd*101+200)

9. x>=10 AND x<=99 AND x Mod 7=0

10. (n M, od 10)*10+n\10

三、简答题

1. Visual Basic 主要的文件类型有哪些？

【解析】 Visual Basic 主要的文件类型有以下几类。

（1）工程文件。

每个工程对应一个工程文件，工程文件的扩展名是".vbp"。

（2）窗体文件。

每个窗体对应一个窗体文件，窗体文件的扩展名是".frm"。一个工程中可以有一个或多个窗体文件。

（3）标准模块文件。

标准模块文件也称为程序模块文件。标准模块文件的扩展名是".bas"。

2. Visual Basic 算术表达式的书写规则有哪些？

【解析】 Visual Basic 算术表达式的书写规则有以下几点。

（1）要按照算术运算符的优先级，同级则从左到右运算。

（2）算术表达式中有括号的优先；括号只能用圆括号，要成对出现，可以嵌套。

（3）算术表达式中所有内容并排写在同一行上，不能有上、下标，如 x_1+x_2 写成 Visual Basic 表达式为 x1+x2；

（4）代数中省略的乘号在算术表达式中要补上（*），如 2xy 写成 Visual Basic 表达式为 2*x*y。

（5）代数式中 Visual Basic 不能识别的 π、α、β 等符号必须改用其他 Visual Basic 能够识别的符号。

四、操作题

1. 设计一个 Visual Basic 程序，实现以下功能，输入一个 18 位的身份证号码，单击"计算"按钮，根据输入的身份证号码求得出生日期（第 7 位到第 14 位对应为年、月、日）和年龄，并在对应的文本框中显示，效果如图 7-7-1 和图 7-7-2 所示。

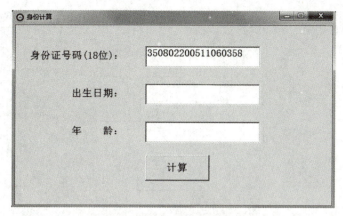

图 7-7-1 输入身份证号码

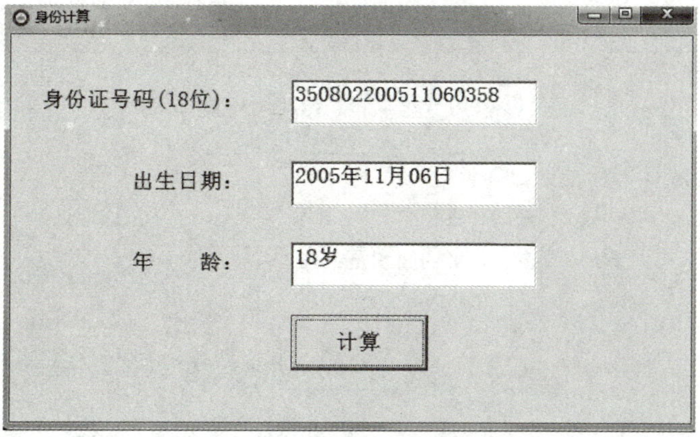

图 7-7-2 计算出生日期和年龄

编写如下事件过程。

```
Private Sub Command1_Click()
Dim sf As String
sf = Text1.Text
Text2.Text=Mid(sf,7,4) + "年"+Mid(sf,11,2)+"月" + Mid(sf,13,2)+"日"                    '求出生日期
Text3.Text = Trim(Str(Year(Date)-Val(Mid(sf,7,4)))+"岁")  '求年龄
End Sub
```

2. 设计一个 Visual Basic 程序计算三角形面积。已知三角形三条边长是 a、b、c，其中 a、b、c 分别由用户通过文本框输入，单击"计算"按钮，求三角形面积。已知三角形面积（海伦公式）s=p·(p-a)(p-b)(p-c)，其中 p=(a+b+c)/2, a、b、c 是三角形的三条边长。效果如图 7-7-3 和图 7-7-4 所示。

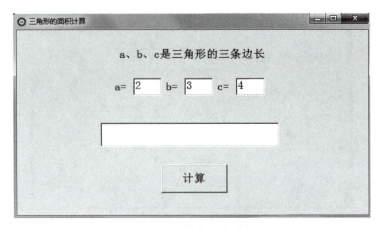

图 7-7-3 输入三条边长

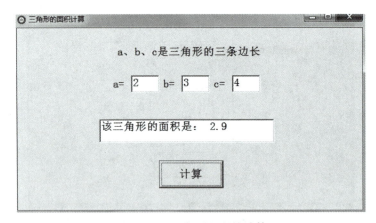

图 7-7-4 三角形面积的计算

编写如下事件过程。

```
Private Sub Command1_Click( )
Dim a!, b!, c!, p!, s!
a = Val(Text1.Text)
b = Val(Text2.Text)
c = Val(Text3.Text)
p = (a + b + c) / 2
If a + b > c And a + c > b And b + c > a Then    '两边之和要大于第三边
s = Sqr(p * (p – a) * (p – b) * (p – c))
Text4.Text = "该三角形的面积是：" & Str(Format(s, ".00"))
Else
MsgBox "输入无效，请重新输入！"
End If
End Sub
```

单元 8

Visual Basic 程序设计控件结构

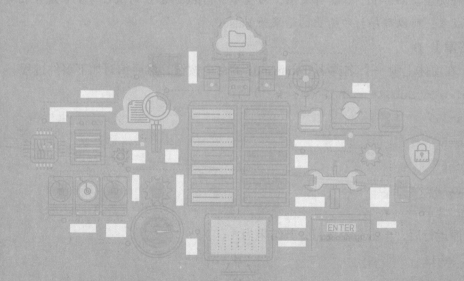

8.1 顺序结构程序设计

知识测评

一、选择题

1. 在窗体上画一个名称为Command1的命令按钮，然后编写如下事件过程。
```
Private Sub Command1_Click()
   a=5
   b=6
   Print c = a + b
End Sub
```
程序运行后，单击命令按钮，其结果为（　　）。

A．a=11　　　　　　　　　　　　B．a=b + c

C．a=　　　　　　　　　　　　　D．False

【解析】 Visual Basic 没有定义的变量，默认是变体型；没有经过赋值的变量，默认值是字符类型。a+b=11，c没有赋值，为空串，Print c=a+b 测试c与a+b是否相等，由于等式不成立，所以程序打印输出的结果为False。

【答案】 D

2. 在窗体上画一个名称为Command1的命令按钮，然后编写如下事件过程。
```
Private Sub Command1_Click()
   a=11
   b=5
   c=6
   Print a = b + c
End Sub
```
程序运行后，单击命令按钮，其结果为（　　）。

A．a=11　　　　　　　　　　　　B．a=b + c

C．a=　　　　　　　　　　　　　D．True

【解析】 等式左边a的值为11，与等式右边b + c的值（为11）相等，故返回值为True。

【答案】 D。

3. 在窗体上画一个名称为 Command1 的命令按钮，然后编写如下事件过程。

```
Private Sub Command1_Click()
    a = InputBox("Enter the First Integer")
    b = InputBox("Enter the Second Integer")
    Print a + b
End Sub
```

程序运行后，单击命令按钮，先后在 2 个对话框中输入 123 和 456，则输出结果为（　　）。

A. 579　　　　　　　　　　　B. 123
C. 456123　　　　　　　　　　D. 123456

【解析】 InputBox（）函数默认输入的数据为字符型，a 的值为 "123"，b 的值为 "456"，+ 为连接符，因此两个字符串相连的结果为 "123456"。

【答案】 D

4. 在窗体上画一个文本框、一个标签和一个命令按钮，其名称分别为 Text1、Label1 和 Command1，然后编写如下两个事件过程。

```
Private Sub Command1_Click()
    strText=InputBox("请输入")
    Text1.Text=strText
End Sub
    Private Sub Text1_Change()
    Label1.Caption=Right(Trim(Text1.Text), 3)
End Sub
```

程序运行后，如果在对话框中输入 abcdef，则在标签中显示的内容是（　　）。

A. abc　　　　　　　　　　　B. bcd
C. cde　　　　　　　　　　　D. def

【解析】 Trim（Text1.Text）函数的功能是去掉 Text1 中文本左、右两边的空格，Right（Trim（Text1.Text），3）函数的功能是截取 Text1 中右边数起连续 3 位字符 def。

【答案】 D

5. 命令按钮 Command1 的单击事件代码如下。

```
Private Sub Command1_Click()
    Dim i As Integer
    i=i+1
End Sub
```

单击该按钮 3 次，i 的值为（　　）。

A. 0 　　　　　　　　　　　B. 1
C. 2 　　　　　　　　　　　D. 3

【解析】 i为窗体变量，每次执行时 i 均回归初值 0 后再执行 i+1，因此虽然单击按钮 3 次，程序执行 3 次，但最终结果仍然为 1。

【答案】 B

二、填空题

1. 假设有如下语句。
```
Private Sub Form_Click()
  Dim a, b, x As Integer
  a =Val(InputBox("a="))
  b =Val(InputBox("a="))
  x = a + b
  Print x
End Sub
```
运行时从键盘输入 3 和 4，输出 x 的值是_____。

【解析】 InputBox（）函数默认输入的数据为字符型，Val（）函数的功能是将字符型数据中的数字转换为数值，因此 a 的值为 3，b 的值为 4，x=3+4=7。

【答案】 7

2. 在窗体上画一个名称为 Command1 的命令按钮，然后编写如下事件过程。
```
Privete Sub Command1_Click()
  MsgBox Str(123 + 321)
End Sub
```
程序运行后，单击命令按钮，则在信息框中显示的提示信息为_____。

【解析】 Str（123 + 321）是先求和再转换，因此信息框中显示的是求和后转换的字符串 "444"。

【答案】 字符串 "444"

3. 假设有如下程序，程序运行后，单击窗体后输出结果是_____。
```
Private Sub Form_Click()
  a = 32548.56
  Print Format(Int((a*10+0.5)) / 10, "000,000.00")
End Sub
```

【解析】 Int（）函数的功能是取整，Format（）函数的功能是指定格式显示。

【答案】 032,548.60

4. 以下语句的输出结果是_____。

```
s$="hina"
s$="Beijing"
Print s$
```

【解析】 在顺序结构中，变量 s 经过多次赋值以后获取的值是最后一次被赋给的值。

【答案】 **Beijing**

5. 在窗体上画一个名称为 Command1 的命令按钮，然后编写如下程序。

```
Private Sub Command1_Click
    Static x As Integer
    Static y As Integer
    Cls
    y=1
    y=y+5
    x=5+x
End Sub
```

程序运行时，3 次单击命令按钮 Command1 后，x 和 y 的结果分别为_____。

【解析】 x、y 定义为静态变量。第一次单击时，y 的初值为 1，然后执行 1+5 运算变为 6，x 的初值默认为 0，执行 5+0 运算变为 5；第二次单击时，y 重新赋值为 1，然后执行 1+5 运算变为 6，x 的值为 5+5=10；第三次单击时，y 重新赋值为 1，然后执行 1+5 运算变为 6，x 的值为 5+10=15。

【答案】 **15 和 6**

三、判断题

1. 下列程序的执行结果为 a（77）。   (   )

```
x = 5：y = 6：z = 7
Print "a("; x+z*y; ")"
```

【解析】 "a(" 和 ")" 是字符串，x+z*y=5+7*6=47，因此输出 a（47）。

【答案】 **错误**

2. Visual Basic 的一个算法中可以没有输入、输出语句。   (   )

【解析】 算法是解决某个问题或处理某件事的方法和步骤，其特性如下。①有穷性，在执行有穷步骤后都能够结束，并且能在有限的时间内完成；②确定性，算法中的每一步都应有明确的含义；③可行性，算法中的操作能够用已经实现的基本运算执行有限次数来实现，其有零个或者多个输入，有一个或多个输出，以反映数据加工的结果，没有输出的算法是没有意义的。

【答案】 **错误**

3. 如果将布尔常量 False 赋给一个整型变量，则整型变量的值为 –1。　　　　（　）

【解析】 将布尔常量 False 赋给一个整型变量，则整型变量的值为 0，将布尔常量 True 赋给一个整型变量，则整型变量的值为 –1。

【答案】 错误

4. 同一行的赋值语句 x=1；y=1；z=1，表示给 x、y、z 三个变量赋初值 1。　　（　）

【解析】 Visual Basic 在同一行上可以书写多个语句，语句间用英文的冒号（：）分隔。

【答案】 错误

5. Visual Basic 中用于产生输入对话框的函数是 MsgBox（），用于产生消息框的函数是 InputBox（）。　　　　　　　　　　　　　　　　　　　　　　　　　（　）

【解析】 Visual Basic 中用于产生输入对话框的函数是 InputBox（），用于产生消息框的函数是 MsgBox（）。

【答案】 错误

四、简答题

1. Visual Basic 中输入数据的常用方法有哪些？

【解析】 在 Visual Basic 中要输入数据，可以使用赋值语句、InputBox（）函数、文本框等。

2. Visual Basic 中输出数据的常用方法有哪些？

【解析】 在 Visual Basic 中要输出数据，可以使用 Print 方法、MsgBox（）函数或 MsgBox 语句、标签或文本框等。

五、操作题

1. 设计一个程序界面，在两个文本框中分别输入单价和数量，然后通过 Label 控件显示金额，程序运行结果如图 8-1-1 所示。

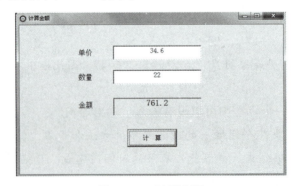

图 8-1-1　计算金额

【解析】 在文本框 Text1 和 Text2 中输入单价和数量，计算金额（金额=单价×数量）。

编写如下事件过程。

```
Private Sub Command1_Click()
  a = Val(Text1)
  b = Val(Text2)
Label4.Caption = a*b
End Sub
```

2. 在文本框 Text1 中输入任意一个英文字母，在文本框 Text2 中显示该英文字母及其 ASCII 码值。要求在文本框 Text2 中显示所有输入的英文字母及其 ASCII 码值。程序运行结果如图 8-1-2 所示。

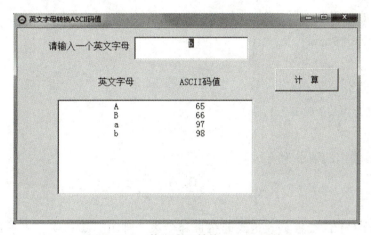

图 8-1-2　英文字母转换 ASCII 码值

【解析】用变量 char 获取文本框 Text1 的值，然后把 char 的值赋给文本框 Text2，并用 Asc（ ）函数把 char 的值转换为 ASCII 码值；将 MultiLine 属性设置为 True，使文本框 Text2 中的值能够换行，同时用 vbCrLf 进行控制。vbCrLf 是字符串常量，即"Chr（13）& Chr（10）"（回车符与换行符连接在一起），起到换行的作用。

编写如下事件过程。

```
Private Sub Command1_Click()
  Dim Char As String * 1
  Char = Text1.Text
  Text2.Text = Text2.Text & Space(2) & Char & _
  Space(16) & Str(Asc(Char)) & vbCrLf
  Print
  Text1.SetFocus
  Text1.SelStart = 0
  Text1.SelLength = Len(Text1.Text)
End Sub
```

8.2 选择结构程序设计

一、选择题

1. 假设有如下程序。
```
Private Sub Form_Click()
  a = 2
  b = 1
  Print IIf(a >= b, a, b)
End Sub
```
程序运行后输出的结果为（ ）。

A. 0 B. 1
C. 2 D. 3

【解析】 IIf（）函数根据表达式的值选择结果，即 IIf（表达式，当表达式为 True 时的值，当表达式为 False 时的值）。由于 2>=1 为真，因此结果为 2。

【答案】 C

2. 假设有如下程序。
```
Private Sub Form_Click()
  k = 2
  If k >= 1 Then a = 3
  If k >= 2 Then a = 2
  If k >= 3 Then a = 1
  Print a
End Sub
```
程序运行后输出的结果为（ ）。

A. 1 B. 2
C. 3 D. 出错

【解析】 k 的初值为 2，然后顺序执行选择语句，满足条件 k >= 1，a=3；满足条件 k >= 2，a = 2；不满足条件 k >= 3，最后输出的结果为 2。

【答案】 B

3. 下列 If 语句统计满足性别为男、职称为副教授以上、年龄小于 40 岁条件的人数，不正确的语句是（　　）。

　　A．If sex=" 男 " And age<40 And InStr（duty，" 教授 "）>0 Then n=n+l

　　B．If sex=" 男 " And age<40 And（duty=" 教授 " or duty=" 副教授 "）Then n=n+1

　　C．If sex=" 男 " And age<40 And Right（duty，2）=" 教授 " Then n=n+1

　　D．If sex=" 男 " And age<40 And duty=" 教授 " And duty=" 副教授 " Then n=n+1

【解析】　duty=" 教授 " And duty=" 副教授 "，职称无法同时满足两个条件，应该用逻辑运算符 Or 连接两个条件。

【答案】　D

4．以下 Case 语句中错误的是（　　）。

　　A．Case　0　to　10　　　　　B．Case　Is>10

　　C．Case　Is>10　And　Is<50　　D．Case　3，5，Is>10

【解析】　Case 表达式列表可以是表达式、一组用逗号分隔的枚举值、表达式 1 to 表达式 2、Is 关系运算符表达式。在"＜指示变量或表达式＞"不是 True 或 False 关键字时，逻辑运算（And、Or、Not）没有意义，因为逻辑运算的结果是 True 或 False，不是表述具体情况的值或者范围。需要比较大小时，需使用 Is、To 关键字；在"＜指示变量或表达式＞"是 True 或 False 关键字时，Is、To 关键字没有意义。

【答案】　C

5．赋值语句 a = 123 + Mid（"123456"，3，2）执行后，a 变量的值是（　　）。

　　A．34　　　　　　　　　　　B．123

　　C．12334　　　　　　　　　 D．157

【解析】　Mid（"123456"，3，2）的结果是获取"34"，由于 123 为数值，相加时"34"自动转换为数值，得到 123+34 的结果为 157。

【答案】　D

6．要在窗体 Form1 内显示"myfrm"，使用的语句是（　　）。

　　A．Form1.Caption= "myfrm"　　B．Form.Print "myfrm"

　　C．Form.Caption= "myfrm"　　　D．Form1.Print "myfrm"

【解析】　在窗体 Form1 内显示"myfrm"的意思是在 Form1 中打印输出"myfrm"。

【答案】　D

二、填空题

1．已知两个数 x 和 y，比较它们的大小，使输出的 x 值大于 y。

```
Private Sub Form_Click()
    x=Val(text1.text)
    y=Val(text2.text)
```

```
      If_____then
        t=x
        x=y
        y=t
      End If
      Print   x, y
    End Sub
```

【解析】 如果 x 的值大于 y 的值，则直接输出 x 和 y；如果 x 的值小于 y 的值，则先交换值再输出 x 和 y。

【答案】 x < y

2. 判断成绩等级（成绩大于等于 90 为优秀；成绩大于等于 80 为良好；成绩大于等于 60 为合格；成绩小于 60 为不合格）。

```
    Private Sub Form_Click( )
      Dim a As Integer
      a=Val(text1.text)
      Select  Case   a
        Case  is>= 90
          Print "优秀"
        Case_____
          Print "良好"
        Case  60  to  80
          Print "合格"
        Case Else
          Print "不合格"
      End Select
    End Sub
```

【解析】 成绩大于等于 90 为优秀；成绩大于等于 80 为良好；成绩大于等于 60 为合格；成绩小于 60 为不合格。

【答案】 80 to 90 或 Is>= 80

3. 在 Select Case 语句中，要表示 3～8 的数时可以写成 Case_____。

【解析】 在 Select Case 语句中，要表示某个范围内的数时，书写格式为"表达式1 to 表达式2"，表示一段取值范围，当"测试表达式"的值落在表示式1和表达式2之间时（含表达式1和表达式2的值），则执行该 Case 语句中的语句块。

【答案】 Case 3 to 8

4. 在 If 条件语句中，如果条件是数值表达式，表达式的结果是 0 则为_____。

【解析】 在 If 条件语句中，表达式的值不等于 0（相当于 True），执行 If 后面的语句；否则（表达式的值等于 0 相当于 False）执行 Else 后面的语句。

【答案】 False

5．在 Select Case 语句中，关键字 to 用来指定一个范围，必须把较_____的值写在前面，把较_____的值写在后面。

【解析】 关键字 to 用来指定一个范围，必须把较小的值写在前面，把较大的值写在后面。

【答案】 小，大

6．下列程序段输出的结果是_____。

```
x=5
y=-6
If Not x>0 Then
    x=y-3
Else
    y=x+3
End If
Print x-y; y-x
```

【解析】 x 的初值为 5，条件 Not x>0 为假，执行 Else 后面的语句 y=y+3=8，然后输出 x-y=5-8=-3，y-x=8-5=3。

【答案】 -3，3

三、判断题

1．根据情况选择执行的结构称为分支结构，它是根据给定的条件选择执行多个分支中的一个分支。　　　　　　　　　　　　　　　　　　　　　　（　）

【解析】 分支结构用于解决计算、输出等问题，对于要先做判断再选择的问题就要使用分支结构。分支结构的执行是依据一定的条件选择执行路径，而不是严格按照语句出现的物理顺序。

【答案】 正确

2．在 Select Case 语句中，关键字 Case 后面的取值格式只有 1 种。（　）

【解析】 Case 表达式列表可以是一个具体的值、表达式、一组用逗号分隔的枚举值、表达式 1 to 表达式 2 或 Is 关系运算符表达式。

【答案】 错误

3．注释语句作为一个独立行，可以放在过程、模块的开头作为标题，也可以放在执行语句的后面。　　　　　　　　　　　　　　　　　　　　　　　（　）

【解析】 在 Visual Basic 中，注释以 Rem 关键字开头，并且 Rem 关键字与注释内容之间要加一个空格。注释可以是单独的一行，也可以写在其他语句行的后面。如果在其他语句行后使用 Rem 关键字，则必须使用冒号（：）与语句隔开，也可以使用一个单引号（'）代替 Rem 关键字。若使用单引号，则在其他语句行使用时不必加冒号。

【答案】 正确

4. 利用函数 Rnd（）只能产生（0，1）区间的单精度随机数。　　　　　　　　（ ）

【解析】 Rnd（）函数返回小于 1 但大于或等于 0，即 [0，1）区间的 Single 值。

【答案】 错误

5. Visual Basic 程序代码的基本结构有 3 种，分别是顺序结构、选择结构（分支结构）、循环结构。　　　　　　　　　　　　　　　　　　　　　　　　　　　　　　（ ）

【解析】 Visual Basic 程序是由若干个基本结构组成的，一个基本结构可以包含一条或若干条语句。通常 Visual Basic 程序有 3 种基本结构：顺序结构、选择结构、循环结构。

【答案】 正确

6. 下列程序段运行后，显示的结果是 1。　　　　　　　　　　　　　　　　　（ ）

```
Dim x
If   x   Then
   Print x
Else
   Print x + 1
End If
```

【解析】 当变量表达式的值不等于 0（相当于 True）时，执行 If 后面的语句，否则（表达式的值是 False）执行 Else 后面的语句；当变量没有赋值时，默认为 0，故执行 Else 后面的语句，输出 0+1 的结果，即 1。

【答案】 正确

四、简答题

1. 画出 If 双分支选择结构的执行流程图。

【解析】 If 双分支选择结构的执行流程如图 8-2-1 所示。

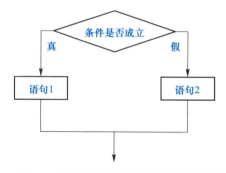

图 8-2-1　If 双分支选择结构的执行流程图

2. 请画出 Select 选择结构的执行流程图。

【解析】 Select 选择结构的执行流程图如图 8-2-2 所示。

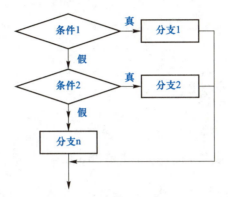

图 8-2-2　Select 选择结构的执行流程图

五、操作题

1. 小明去买电池，价格为 2.5 元一节，买电池超过 10 节后超出的部分按 8 折出售。输入小明买电池的数量，输出小明应付的钱数。程序运行结果如图 8-2-3 所示。

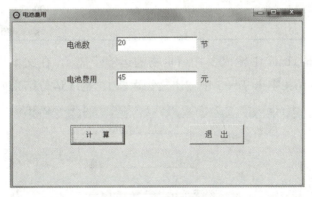

图 8-2-3　电池费用计算

【解析】 在文本框 Text1 中输入电池节数，用 Val（）函数转换成数值赋给变量 a；依据题意得出 If 条件 1——购买超过 10 节电池时费用为 b=25 +（a－10）× 2.5 × 0.8，否则采用 If 条件 2——购买不超过 10 节电池时费用为 b＝a× 2.5；将 b 的值赋给文本框 Text2。

编写如下事件过程。

```
Private Sub Command1_Click()
  Dim a As Integer
  Dim q As Single
  a = Val(Text1)
  If a > 10 Then
    b = 25 +(a - 10) * 2.5 * 0.8
```

```
    Else
       b = a * 2.5
    End If
    Text2.Text = b
End Sub
Private Sub Command2_Click()
    End
End Sub
```

2. 计算货物运费 t。设货物运费每吨单价 p（元）与运输距离 s（千米）的关系如表 8-2-1 所示。

表 8-2-1　单价 p 与运输距离 s 的关系

p/元	s/千米
30	s<100
27	100≤s<200
25	200≤s<300
22	300≤s<400
20	s≥400

要求：在文本框 Text1 中输入要托运货物的运输距离 s，在文本框 Text2 中输入货物质量 x，程序运行后在文本框 Text3 中输出货物运费 t，程序运行结果如图 8-2-4 所示。

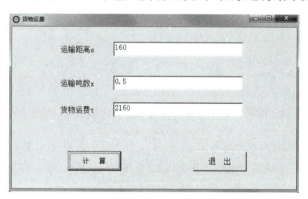

图 8-2-4　货物运费计算

【解析】　在文本框 Text1 中输入的托运货物的运输距离 s 和在文本框 Text2 中输入的货物质量 x 是字符型，需要用 val（）函数转换数值后分别赋给变量 s 和 x。依据题意有 5 种情况，用 Select Case 语句查询条件得出结果。

编写如下事件过程。

```
Private Sub Command1_Click()
    Dim t As Single, s As Single, x As Single, p As Single
```

```
    s = Val(Text1.Text)
    x = Val(Text2.Text)
Select Case s
  Case Is < 100
    Text3.Text = 30 * x * s
  Case Is < 200
    Text3.Text = 27 * x * s
  Case Is < 300
    Text3.Text = 25 * x * s
  Case Is < 400
    Text3.Text = 22 * x * s
  Case Else
    Text3.Text = 20 * x * s
  End Select
End Sub
```

3. 输入某学生的百分制成绩，输出等级制成绩。若 90≤成绩≤100，输出"优秀"；若 80≤成绩＜90，输出"良好"；若 70≤成绩＜80，输出"中等"；若 60≤成绩＜70，输出"及格"；若 0≤成绩＜60，输出"不及格"；若是其他数则输出"error"信息。程序运行结果如图 8-2-5 所示。

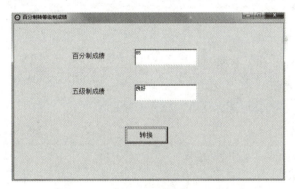

图 8-2-5　百分制成绩转等级制成绩

【解析】　本题有 6 种情况，需要用多分支选择语句实现。多分支选择语句 If…Then 和 Select Case 都可以解决本题。

编写如下事件过程。

```
Private Sub Command1_Click( )

    a = Val(Text1.Text)
    If a > 100 Then
```

```
        Text2.Text = "error"
     ElseIf a >= 90 Then
        Text2.Text = " 优秀 "
     ElseIf a >= 80 Then
        Text2.Text = " 良好 "
     ElseIf a >= 70 Then
        Text2.Text = " 中等 "
     ElseIf a >= 60 Then
        Text2.Text = " 及格 "
     ElseIf a > 0 Then
        Text2.Text = " 不及格 "
     Else
        Text2.Text = "error"
     End If
End Sub
Private Sub Command2_Click()
   a = Val(Text1.Text)
   Select Case a
     Case Is > 100
        Text2.Text = "error"
     Case Is >= 90
        Text2.Text = " 优秀 "
     Case Is >= 80
        Text2.Text = " 良好 "
     Case Is >= 70
        Text2.Text = " 中等 "
     Case Is >= 60
        Text2.Text = " 及格 "
     Case Is > 0
        Text2.Text = " 不及格 "
     Case Is < 0
        Text2.Text = "error"
   End Select
End Sub
```

8.3 循环结构程序设计

一、选择题

1. 下列关于 Do...Loop 循环结构执行循环次数的描述正确的是（　　）。

　A．Do While...Loop 循环和 Do...Loop Until 循环至少都执行一次

　B．Do While...Loop 循环和 Do...Loop Until 循环可能都不执行

　C．Do While...Loop 循环至少执行一次，Do...Loop Until 循环可能不执行

　D．Do While...Loop 循环可能不执行，Do...Loop Until 循环至少执行一次

【解析】 条件在 DoWhile 后面时先判断条件是否满足，不满足就不执行语句，只有满足才执行语句；条件在 Loop Until 后面时先执行一次语句，再判断条件是否满足。

【答案】 D

2.（　　）是正确的 For...Next 结构。

　A．For x=1 To Step 10
　　　…
　　Next x

　B．For x=3 To −3 Step −3
　　　…
　　Next x

　C．For x=10 To 1
　　　…
　　Next x

　D．For x=3 to 10 step −3
　　　…
　　Next x

【解析】 For 循环变量要有初值、终值以及步长值，当步长值为 1 时才能省略。A 选项中循环变量 to 后面缺少终值，C 选项中循环变量由 10 到 1 步长值为负数，不能省略，D 选项中循环变量由 3 变到 10 步长值应该为正数。

【答案】 B

3. 下列哪个程序段不能分别正确显示 1！、2！、3！、4！的值？（　　）

　A．For i=1 to 4
　　　n=1
　　　For j=1 to i
　　　　n=n*j
　　　Next j
　　　Print n

　B．For i=1 to 4
　　　For j=1 to i
　　　　n1
　　　　n=n*j
　　　Next j
　　　Print n

     Next i   Next i
  C．n=1   D．n=1
    For j=1 to 4   j=1
     n=n*j   Do While j<=4
     Print n   n=n*j
    Next j   Print n
                j=j+1
              Loop

【解析】　B 选项中外循环 i 的值从 1 变化到 4，内循环 j 的值从 1 变化到 4，但 n 每次循环都被赋值为 1，所以输出 n 的值为 1，2，3，4，而不是 1！、2！、3！、4！。

【答案】　B

4．假设有以下循环结构：Do 循环体 Loop While<条件>。以下叙述中不正确的是（　　）。

  A．"条件"可以是关系表达式、逻辑表达式或常数

  B．若"条件"是一个为 0 的常数，则循环体一次也不执行

  C．循环体中可以使用 Exit Do 语句

  D．如果"条件"总是为 True，则不停地执行循环体

【解析】　Do...Loop While 不管条件是什么都先执行一次循环体，再判断条件真假。

【答案】　B

5．下列程序段运行后输出 a 的值是（　　）。

```
i=4 : a=5
Do
  i=i+1: a=a+2
Loop Until i>=7
Print"a="; a
```

  A．7   B．9

  C．11   D．13

【解析】　Do...Loop Until 先执行循环体后判断，第一次执行 i=i+1=5，a=a+2=7，判断 i>=7 条件为假；继续第二次执行 i=i+1=6，a=a+2=9，判断 i>=7 条件为假；第三次执行 i=i+1=7，a=a+2=11，判断 i>=7 条件为真，退出循环，a 的值为 11。

【答案】　C

二、填空题

1．执行下面的程序段后，输出的结果是_____。

```
Private Sub Form_Click()
  a=100
```

```
Do
  s=s+a
  a=a+1
Loop  Until  a>100
Print a
End Sub
```

【解析】 Do ...Loop Until 先执行循环体语句 a=a+1=100+1=101，然后判断条件 a>100 为真，退出循环，输出 a 的值为 101。

【答案】 101

2. 执行下面的程序段后，输出的结果是_____。

```
Private Sub Command1_Click()
  Dim x As Integer, n As Integer
  x=1
  n=0
  Do While x<20
    x=x*3
    n=n+1
  Loop
  Print x
  Print n
End Sub
```

【解析】 此循环体语句执行 3 次，x 由第一次 1*3=3，到第二次 3*3=9，到第 3 次 9*3=27 后大于 20，退出循环。

【答案】 27 3

3. "二孩政策"是中国实行的一种计划生育政策，2016 年我国全面放开"二孩政策"。据专家初步预计，每年新增人口 300 万~800 万。我国现有人口 13 亿，如果按照每年人口增长 500 万计算，多少年以后我国人口将突破 15 亿？

```
Private  Sub  Command1_Click()
  s=1300000000
  y=0
  Do  While_____
    y=y+1
    s=_____
  Loop
  Text1.Text=y
```

End Sub

【解析】 条件写成s<1500000000，s为统计人口逐年增加后的总量。

【答案】 s<1500000000，s=s+5000000

4．执行下面的程序段后，x的最终结果是_____。

```
x=1
Do
    x=x+2
    Print x
Loop Until  x>=7
```

【解析】 Do …Loop Until 先执行循环体语句后判断条件真假，第一次 x=1+2=3 条件为假，继续执行循环体，第二次 s=3+2=5 条件为假，继续执行循环体，第三次 x=5+2=7 条件为真，退出循环体。

【答案】 7

5．在窗体上画一个名称为Command1的命令按钮，然后编写如下事件过程。

```
Private Sub Command1_Click
  Dim a As Integer, s As Integer
  a = 8
  s = 1
  Do
    s = s + a
    a = a - 1
  Loop Until a > 0
  Print s
End Sub
```

程序运行后，单击命令按钮，输出s的值为_____。

【解析】 a的初值为8，s的初值为1，先执行一次循环体 s=1+8=9，a=8-1=7，判断 a=7＞0，条件为真，退出循环，输出 s 的值为9。

【答案】 9

三、判断题

1．下面的程序段执行后，输出k的值是2。　　　　　　　　　　　　　　　（　　）

```
k=1
Do  While  k<3
    k=k+1
Loop
```

　　　　Print k

【解析】 Do While...Loop 先判断条件真假后执行循环体语句，第一次 k=1 条件为真，执行循环体语句 k=1+1=2，第二次 k=2 条件为真，执行循环体语句 k=2+1=3，第三次 k=3 条件为假，退出循环，输出 k 的值为 3。

【答案】 错误

2．下面的程序段执行后，输出 x 的值是 11。　　　　　　　　　　　　　　　　（　）

　　x=2
　　For　k=1　To　4　Step　2
　　　x=x+k
　　Next　x
　　Print　x

【解析】 此为 For 循环语句，第一次 k=1 执行循环体语句 x=2+1=3，第二次 k 步长值加 2 后为 3，执行循环体语句 x=3+3=6，第三次 k 步长值加 2 后为 5 超出终值，退出循环，输出 x 的值为 6。

【答案】 错误

3．下列循环结构能正常结束循环。　　　　　　　　　　　　　　　　　　　（　）

i = 10
Do
　i = i + 1
Loop Until i > 0

【解析】 i 的初值为 10，先执行循环体 i=10+1=11，判断 i＞0 条件为真，退出循环。

【答案】 正确

4．设有如下循环结构。

Do Until 条件
　　循环体
Loop

如果"条件"是真，则循环体一次也不执行。　　　　　　　　　　　　　　　（　）

【解析】 Do Until...Loop 先判断是否满足某个条件，条件为假时执行循环体，条件为真时循环体一次也不执行。

【答案】 正确

5．设有如下循环结构。

Do
　　循环体
Loop While 条件

如果"条件"是假，则循环体一次也不执行。　　　　　　　　　　　　　　　（　）

【解析】 Do...Loop While 先执行一次循环体后，在循环的尾部判断是否满足某个条件，再决定循环是否继续，当条件为真时，直接退出循环。

【答案】 错误

四、简答题

1. 简述 Do Until...Loop 与 Do...Loop Until 的区别。

【解析】 二者都是用于不知道循环次数的情况。Do Until...Loop 在循环时先判断是否满足某个条件，每一次在循环的顶部进行检测，判断循环是否继续，当循环的条件为真时，退出循环。Do...Loop Until 先执行一次循环体后，在循环的尾部判断是否满足某个条件，再决定循环是否继续，当循环的条件为真时，退出循环。

2. 简述 For 循环和 Do 循环的区别。

【解析】 For 循环常用于已知循环次数的情况，使用 For 循环时，测试是否满足某个条件，如果满足条件，则进入下一次循环，否则退出循环。Do 循环常用于不知道循环次数的情况，在循环时判断是否满足某个条件。

五、操作题

1. 计算 n!，假设 n=10，程序运行结果如图 8-3-1 所示。

图 8-3-1 计算 n!

【解析】 本题实现阶乘的运算。在文本框 Text1 中输入 n 的值，在文本框 Text2 中显示 n! 的值，可以使用 For 循环改变乘数的值解决该类问题。

编写如下事件过程。

```
Private Sub Command1_Click()
  a = 1
  n = Val(Text1.Text)
  For k = 1 To n
    a = a * k
  Next k
```

```
        Text2.Text = a
End Sub
Private Sub Command2_Click()
    End
End Sub
```

2. 打印九九乘法表，程序运行结果如图 8-3-2 所示。

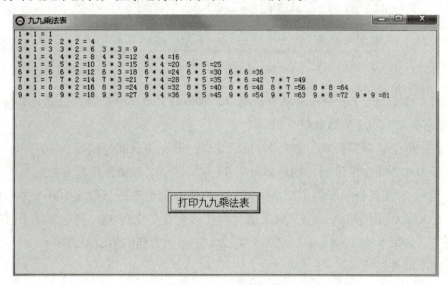

图 8-3-2　九九乘法表

【解析】外循环 i 控制行数，i 的取值范围为 1~9。内循环控制每行的项目数，k 的取值范围为 1~i，其乘积以及表达式在窗体中显示。

编写如下事件过程。

```
Private Sub Command1_Click()
Dim i%, j%
    For i = 1 To 9                  '外循环控制行数
      For j = 1 To i                '内循环控制每行的项目数
        Print i; "*"; j; "="; Format(i * j, "@@"); Space(1);
      Next j
      Print                         '换行
    Next i
End Sub
```

3. 鸡翁一，值钱五；鸡母一，值钱三；鸡雏三，值钱一；百钱买百鸡。问：鸡翁、鸡母、鸡雏各几何？程序运行结果如图 8-3-3 所示。

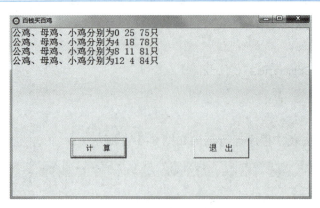

8-3-3　百钱买百鸡

【解析】　设 x、y、z 分别代表鸡翁、鸡母、鸡雏的只数（以下分别代称为公鸡、母鸡、小鸡）。首先确定 x、y、z 的取值范围。

（1）若 100 个钱全买公鸡，则最多可买 20 只，即 x 的取值范围是 0~20。

（2）若 100 个钱全买母鸡，则最多可买 33 只，即 y 的取值范围是 0~33。

（3）当 x、y 在各自的取值范围内确定某个值后，则小鸡的只数 z=100-x-y 也确定了。

（4）让 x 从 0 变化到 20，当 x 取某值时再让 y 从 0 变化到 33，当 y 取某个值时，z 的值也确定了，如果 x×5+y×3+z/3=100 成立 则 x、y、z 当前的值就是答案。

编写如下事件过程。

```
Private Sub Command1_Click()
  For x = 0 To 20
    For y = 0 To 33
      z = 100 - x - y
      If x * 5 + y * 3 + z / 3 = 100 Then
        Print "公鸡、母鸡、小鸡分别为" & x & " " & y & " " & z & "只"
      End If
    Next y
  Next x
End Sub
```

8.4 单元测试

一、选择题

1. 假设 x 的值为 5，执行以下语句时，输出结果为"yes"的语句是（　　）。

A. ect Case x
　　Case 10 to 1
　　　Print "yes"
　　End Select

B. Select Case x
　　Case is>5, is <5
　　　Print "yes"
　　End Select

C. Select Case x
　　Case is>5, 1, 3 to 10
　　　Print "yes"
　　End Select

D. Select Case x
　　Case is>5, 1, 3
　　　Print "yes"
　　End Select

【解析】　Case 表达式用 to 时必须把较小的数写在前面，故 A 选项错误；B、D 选项中查找条件没有 x 值等于 5。

【答案】　C

2. 以下对 Do Until……Loop 语句的描述中正确的是（　　）。

A. 如果"条件"是一个为 0 的常数，则循环体一次也不执行
B. 如果"条件"是一个为 0 的常数，则至少执行一次循环体
C. 如果"条件"是一个不为 0 的常数，则至少执行一次循环体
D. 无论条件是否为真，都至少执行一次循环体

【解析】　Do Until……Loop 是先判断条件真假，条件为假时执行循环体。

【答案】　B

3. 已知如下程序段。

```
For i=1 to 3
  For j=5 to 1 Step -1
    Print i*j
  Next j
Next i
```

程序段中语句 Print i*j 的执行次数是（　　）。

A. 1　　　　　　　　　　　　　　B. 3

C. 5   D. 15

【解析】外循环 i 为 1 时，内循环 j 从 5 到 1；外循环 i 为 2 时，内循环 j 从 5 到 1；外循环 i 为 3 时，内循环 j 从 5 到 1。因此，执行次数为 3×5=15。

【答案】D

4. 以下程序段的输出结果是（　　）。

```
x=1
y=4
Do Until  y>4
    x=x*y
    y=y+1
Loop
Print x
```

A. 1   B. 4
C. 8   D. 20

【解析】y 赋初值 4 时，y 符合条件（不大于 4），执行循环体语句，x=x*y=1*4=4，y=y+1=4+1=5。当 y=5 时，y 大于 4，不符合条件，不再执行循环体，故输出 x 的值为 4。

【答案】B

5. 已知如下程序段，执行后依次输入 5、4、3、2、1、-1，输出 n 的值为（　　）。

```
x=0
Do Until x=-1
    a=InputBox("输入a的值")
    a=Val(a)
    b=InputBox("输入b的值")
    b=Val(b)
    x=InputBox("输入x的值")
    x=Val(x)
    n=a+b+x
Loop
Print n
```

A. 15   B. 14
C. 13   D. 2

【解析】x 初值为 0，符合条件（不是 x=-1），第一次执行循环体，a=5，b=4，x=3，n=5+4+3=12；当 x=3 时，符合条件（不是 x=-1），第二次执行循环体，a=2，b=1，x=-1，n=2+1+（-1）=2；当 x=-1 时，不符合条件（不是 x=-1），退出循环，输出 n 的值为 2。

【答案】D

二、填空题

1. 执行以下程序段后，输出 x 的值是_____。

   ```
   x=6
   For  i=2.2  to  3.5  Step  0.3
       x=x+1
   Next  i
   Print  x
   ```

   【解析】 i 的初值为 2..2，执行一次循环体增加 0.3（步长值），从 2.2、2.5、2.8、3.1、3.4 连续执行 5 次循环体得到 x=x+1（6+1，7+1，8+1，9+1，10+1），当 i 值为 3.7 时退出循环，输出 x 的值为 11。

   【答案】 11

2. 执行以下程序段后，输出 x 的值是_____。

   ```
   x=0
   Do  While  x<=2
       x=x+1
   Loop
   Print  x
   ```

   【解析】 x 的初值为 0，每执行一次循环体加 1（0+1，1+1，2+1），当 x 的值为 3 时不满足条件，退出循环。

   【答案】 3

3. 下面程序段运行后，循环体的执行次数是_____。

   ```
   x=1
   Do
     x=x+2
     Print  x
   Loop  Until  x>9
   ```

   【解析】 x 的初值为 1，每执行一次循环体加 2（1+2，3+2，5+2，7+2，9+2），当 x 的值为 11 时，不满足条件，退出循环。

   【答案】 5

4. 以下循环体执行的次数是_____。

   ```
   k=0
   Do  While  k<=5
     k=k+1
   Loop
   ```

【解析】 k的初值为0,每执行一次加1(0+1,1+1,2+1,3+1,4+1,5+1),执行6次循环体后k的值为6,不满足条件,退出循环。

【答案】 6

5. 以下程序段运行后输入2,输出的结果是_____。

```
x=InputBox("输入")
Select Case x
  Case 1,3
    Print "分支1"
  Case Is>5
    Print "分支2"
  Case Else
    Print "分支3"
End Select
```

【解析】 输入2后赋值x,第一个条件检查x是否为1或3,第二个条件检查x是否大于5,前两个条件都不满足,则属于第三个条件,因此输出"分支3"。

【答案】 分支3

6. 下面的程序段运行后输出s的结果是_____。

```
a=5
s=0
Do
  s=s+a*a
  a=a-1
Loop Until a<=0
Print s
```

【解析】 先执行循环体,后判断条件,执行一次循环体后a的值减小1,当a的值为1-1=0时退出循环,s被赋值5次(0+5×5,25+4×4,41+3×3,50+2×2,54+1×1)。

【答案】 55

7. 下面的程序段执行后,i的值是_____。

```
a=75
If a>90 Then
  i=1
ElseIf a>80 Then
  i=2
ElseIf a>70 Then
  i=3
```

```
ElseIf  a>60  Then
    i=4
Else
    i=5
End  If
Print   i
```

【解析】a 等于 75，在大于 70 小于等于 80 之间，i 的值为 3。

【答案】 3

8. 下面的程序段执行后输出的结果是_____。

```
x = "ABCD"
For i = 1 To 3 Step 1
    a = Right(x, i)
Next i
Print a
```

【解析】i 从 1 到 3，步长值为 1，共执行 3 次循环体，第三次执行循环体时，从 x 右边数起连续取 3 个字符赋给 a，然后退出循环，输出 a。

【答案】 BCD

9. 下面的程序段执行后输出的结果是_____。

```
x=50
Print   IIF(x>50, x-50, x+50)
```

【解析】x=50 不满足 x>50 条件，执行第二条语句 x+50=100。

【答案】 100

10. 下面的程序段执行后输入 123 和 456，输出的结果是_____。

```
Dim  x  As  Single
Dim  y  As  Single
x=InputBox("输入第一个数据","输入数据")
y=InputBox("输入第二个数据","输入数据")
Print x+y
```

【解析】 执行加法运算时输入的数据当作数值处理，因此 x=123，y=456，x+y=123+456=579。

【答案】 579

三、判断题

1. 设 x =6，则执行 y=IIF(x>5, 0, -1) 后 y 的值是 -1。　　　　　　　　　　　　　（　　）

【解析】 x 的初值为 6，符合条件 x>5，执行第一个参数 0。

【答案】 错误

2. 执行下面的程序段后，x 的值为 24。 （ ）

  x=3

  For k=1 to 3

    x=x+6

  Next k

  Print x

【解析】 条件 k 从 1 到 3，步长值为 1，共变化 3 次，循环体执行 3 次，第一次 x=3+6=9，第二次 x=9+6=15，第三次 x=15+6=21。

【答案】 错误

3. 以下程序段输出 x 的结果是 18。 （ ）

  x=3

  For k=3 to 1 Step -1

    x=x+5

  Next k

  Print x

【解析】 条件 k 从 3 到 1，步长值为 -1，共变化 3 次，循环体执行 3 次，第一次 x=3+5=8，第二次 x=8+5=13，第三次 x=13+5=18。

【答案】 正确

4. 以下程序段输出 x 的结果是 50。 （ ）

  x=0

  Do While x<50

    x=（x+2）*（x+3）

    y=y+1

  Loop

  Print x

【解析】 x 的初值为 0，符合条件 x<50，第一次执行语句 x=（0+2）*（0+3）=6；x=6 符合条件 x<50，第二次执行语句 x=（6+2）*（6+3）=72；x=72 不符合条件 x<50，退出循环，输出 x 的值为 72。

【答案】 错误

5. 假设有如下程序段。

  Text1.Text=" "

  For i=1 to 5

    sum=sum+i

  Next i

```
Text1.Text=sum
```
该程序段执行后结果是 15。   (   )

【解析】 sum 的初值为 0，循环体执行后连续累加的结果为 0+1+2+3+4+5=15，将结果存入文本框 Text1.Text 后自动转换为字符型。

【答案】 正确

四、简答题

1. Visual Basic 程序设计结构有哪几种？

【解析】 Visual Basic 是面向对象的结构化程序设计语言，有 3 种基本结构：顺序结构、选择结构和循环结构。

2. 简述 Do While...Loop 与 Do...Loop While 的区别。

【解析】 二者都是用于不知道循环次数的情况。Do While...Loop 在循环时先判断是否满足某个条件。每一次在循环的顶部进行检测，决定循环是否继续，当循环的条件为假时，退出循环。Do...Loop While 先执行一次循环体后，在循环的尾部判断是否满足某个条件，决定循环是否继续，当循环的条件不满足时，退出循环。

五、操作题

1. 设计程序运行界面，如图 8-4-1 所示，要求单击"计算"按钮，从键盘上输入 10 个学生的分数，分别在文本框 Text1、Text2、Text3 中计算并输出及格人数、不及格人数和平均分，程序运行结果如图 8-4-2 所示。

图 8-4-1 输入分数

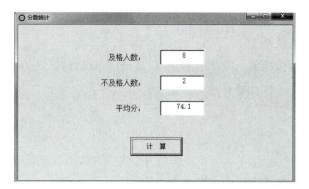

图 8-4-2 分数统计

【解析】 用 For i = 1 To 10 控制学生数，用 If... Then... 语句判断及格与不及格人数。编写如下事件过程。

```
Private Sub Command1_Click()
  Dim n As Single
  Dim n1 As Single
  Dim n2 As Single
  Dim score As Single
  Dim total As Single
  For i = 1 To 10
    score = InputBox("请输入第" & Str(i) & "个数：")
    If score < 0 Or score > 100 Then
        End
    Else
      total = total + score
      n = n + 1
      If score < 60 Then
        n1 = n1 + 1
      Else
        n2 = n2 + 1
        End If
      End If
    Next i
    Text1.Text = Str(n2)
    Text2.Text = Str(n1)
    Text3.Text = Str(total / n)
End Sub
```

2. 利用随机函数模拟投币，方法如下。每次随机产生一个 0 或 1 的整数，相当于一次投币，1 代表正面，0 代表反面。在窗体上有 3 个文本框，名称分别是 Text1、Text2、Text3，分别用于显示用户输入投币总次数、出现正面的次数和出现反面的次数。程序运行后，单击"计算"按钮，文本框 Text1 接收 Inputbox（ ）函数输入的总次数，按照输入的总次数模拟投币，分别统计出现正面、反面的次数，并将结果显示在文本框 Text2 和 Text3 中。程序运行结果如图 8-4-3 所示。

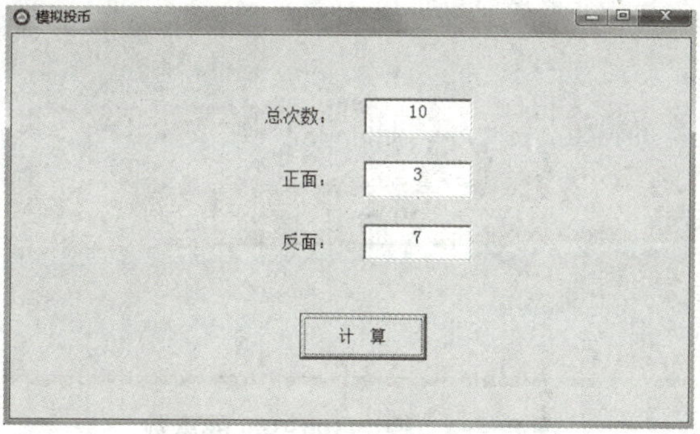

图 8-4-3　模拟投币

【解析】 用 For i = 1 To n 控制投币次数数，用 If ...Then... 语句判断出现正、反面的次数。

编写如下事件过程。

```
Private Sub Command1_Click()
  Randomize
  Text1.Text = InputBox("请输入次数：")
  n = CInt(Val(Text1.Text))
  n1 = 0
  n2 = 0
  For i = 1 To n
    r = Int(Rnd * 2)
    If r = 1 Then
      n1 = n1 + 1
    Else
      n2 = n2 + 1
    End If
  Next i
  Text2.Text = n1
  Text3.Text = n2
End Sub
```

3. 编程输出 100~300 的所有素数，要求每行输出 8 个。程序运行结果如图 8-4-4 所示。

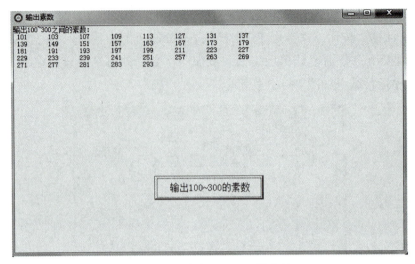

图 8-4-4　输出 100~300 的素数

【解析】　本题使用 For...To...、Do While...Loop...、If...Then 3 种语句结构。编写如下事件过程。

```
Private Sub Command1_Click ( )
Print "输出100~300的素数: "
For n = 101 To 300 Step 2
k = Int (Sqr (n))
i = 2
Swit = 0
   Do While i <= k And Swit = 0
      If n Mod i = 0 Then
         Swit = 1
      Else
         i = i + 1
      End If
   Loop
If Swit = 0 Then
   d = d + 1
   If d Mod 8 <> 0 Then
      Print n; Space (4);
   Else
```

```
        Print n; Space(4)
            End If
        End If
Next n
End Sub
```

单元 9

Visual Basic 常用控件及应用

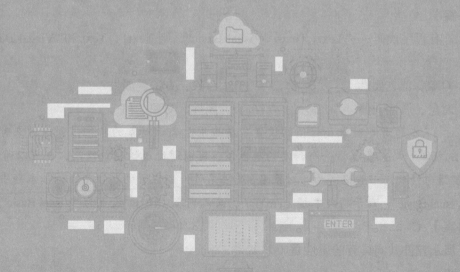

9.1 标签、文本框和命令按钮控件及应用

知识测评

一、选择题

1. Visual Basic 中最基本的对象是（　　），它是应用程序的基石，也是其他控件的容器。
   A．文本框　　　　　　　　B．命令按钮
   C．窗体　　　　　　　　　D．标签

   【解析】 本题考查 Visual Basic 窗体的概念。窗体是 Visual Basic 应用程序的重要部分，也称为用户界面。窗体上可放置各种控件，用户通过窗体上控件的交互来控制程序并得到程序的运行结果。一个应用程序至少有一个窗体。

   【答案】 C

2. 当窗体被装入内存时，系统将自动执行（　　）事件过程。
   A．Load　　　　　　　　　B．Click
   C．DblClick　　　　　　　D．Change

   【解析】 本题考查窗体的 Load 事件。Load 事件是窗体调用触发的事件，相应的事件过程常用于窗体的初始化。

   【答案】 A

3. 若有程序代码——Text1.Text= "Visual Basic"，则 Text1、Text 和 "Visual Basic" 分别代表（　　）。
   A．对象、值、属性　　　　　B．对象、方法、属性
   C．对象、属性、值　　　　　D．属性、对象、值

   【解析】 本题考查对象属性值的设置。属性用于表示对象的特征，创建对象时 Visual Basic 系统就赋予对象各属性一个预定的属性值，可以通过属性窗口修改，也可以通过程序中的赋值语句修改，一般格式为：对象名.属性名称＝新设置的属性值。例如本题中 Text1.Text= "Visual Basic"，表示将文本框（Text1）的文本内容（Text）设置为 "Visual Basic"。

   【答案】 C

4. 所示控件共同具有的属性是（　　）。
   A．Text　　　　　　　　　B．Name
   C．Caption　　　　　　　　D．ForeColor

   【解析】 本题考查 Name 属性。任何对象都有一个 Name 属性，用来表示该对象的名

称，程序运行时通过对象名称来调用对象。

【答案】 B

5. 用来设置斜体字的属性是（　　）。

　　A. FontName　　　　　　　　B. FontSize

　　C. FontBold　　　　　　　　D. FontItalic

【解析】 本题考查字体属性。控件的字体属性包含 FontName（字体）、FontSize（字号）、FontBold（粗体）、FontItalic（倾斜）、FontUnderline（下划线）等。

【答案】 D

6. 若要使标签根据内容自动调整大小，必须设置的属性是（　　）。

　　A. AutoSize　　　　　　　　B. Alignment

　　C. BorderStyle　　　　　　　D. BackColor

【解析】 本题考查标签的 AutoSize 属性。与标签内容和边框设置有关的属性有 Alignment（对齐方式）AutoSize（自动调整大小）、BorderStyle（边框类型）等。

【答案】 A

7. 用于设置文本框中显示字符的属性是（　　）。

　　A. MaxLength　　　　　　　B. MultiLine

　　C. PasswordChar　　　　　　D. BorderStyle

【解析】 本题考查文本框的 PasswordChar 属性。PasswordChar 属性用来设置密码，文本框中输入的所有字符均用字符串中的第一个字符（如"*"号）显示。

【答案】 C

8. 若要使文本框显示滚动条，必须设置的属性是（　　）。

　　A. MaxLength　　　　　　　B. MultiLine

　　C. Alignment　　　　　　　D. ScrollBars

【解析】 本题考查文本框的 MultiLine 属性。在文本框的输入过程中，在文本超出文本框长度时需要自动换行，应将 Multiline 属性值设为 True；当 Multiline 属性值为 True 时，可以设置文本框的滚动条属性 ScrollBars，根据设置的值，滚动条可以呈现以下 4 种情况之一：0（无）、1（水平）、2（垂直）、3（水平和垂直）。

【答案】 B

9. 可将文本框中的内容清空的语句是（　　）。

　　A. Text1.Text=" "　　　　　B. Text1.SetFocus

　　C. Text1.Clear　　　　　　　D. Text1.Cls

【解析】 本题考查文本框的 Text 属性。本题中 Text1.Text=" " 表示将文本框（Text1）的文本内容（Text）设置为空串，即清空文本框中的内容。

【答案】 A

10. 若要使命令按钮不响应事件，必须设置的属性是（　　）。

A. Enabled B. Visible
C. Default D. Locked

【解析】 本题考查命令按钮的 Enabled 属性。Enabled 属性用来设置命令按钮是否响应事件，其值为 True 表示响应事件，其值为 False 表示不响应事件。

【答案】 A

二、判断题

1．一个工程只能有一个窗体。（　）

【解析】 一个完整的应用程序称为一个工程，一个工程可以包含多个窗体，一个窗体可以包含多个控件。

【答案】 错误

2．所有控件在程序运行之后都是可见的。（　）

【解析】 并不是所有控件在程序运行之后都是可见的，例如计时器控件只在设计时可见，在运行时不可见。

【答案】 错误

3．标签和文本框都可以输入文本。（　）

【解析】 标签可以显示（输出）文本，但不能输入文本，也不能编辑文本区域（只读）；文本框既可以输入文本，也可以输出文本，并可以对文本区域进行编辑。

【答案】 错误

4．文本框没有 Caption 属性。（　）

【解析】 本题考查文本框的 Text 属性。标签中显示文本内容使用 Caption 属性，文本框中显示文本内容使用 Text 属性。

【答案】 正确

5．命令按钮没有 DblClick 事件。（　）

【解析】 命令按钮的常用事件包括 Click、MouseDown、MouseUp 等。

【答案】 正确

三、填空题

1．窗体的_____属性只能在属性窗口中设置。

2．用来设置标签内容的属性是_____。

3．若文本框有边框，需要设置 BorderStyle 属性值为_____。

4．文本框获得光标的方法是_____。

5．当命令按钮的 Enabled 属性值为_____时表示命令按钮可响应事件。

【答案】

1．Name

2. Caption

3. 1

4. SetFocus

5. Enabled

四、简答题

1. Name 属性和 Caption 属性有什么区别？

【解析】（1）Name 属性是指对象的名称，在程序运行时通过对象名称来调用对象。

（2）Caption 属性是指对象显示的文本内容，在程序设计或运行时可以看到对象中的文本内容。

2. 标签和文本框有什么区别？

【解析】（1）标签可以显示（输出）文本，但不能输入文本，也不能编辑文本区域（只读），常用于显示标题和结果。设置标签中文本内容的属性是 Caption。

（2）文本框既可以输入文本，也可以输出文本，并可以对文本区域进行编辑。设置文本框中文本内容的属性是 Text。

五、操作题

1. 设计一个简易电子时钟，单击分行显示系统日期和时间，效果如图 9-1-1 所示。电子时钟控件属性如表 9-1-1 所示。

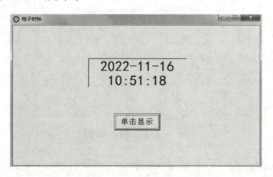

图 9-1-1　电子时钟

表 9-1-1　电子时钟控件属性

控件	属性	值
Label1	Name	clock
	FontName	黑体
	FontSize	一号
	Alignment	2
	BorderStyle	1

续表

控件	属性	值
Command1	Name	djxs
	Caption	单击显示
	FontName	新宋体
	FontSize	四号

编写如下事件过程。

```
Private Sub djxs_Click()
    clock.Caption = Date$ + Chr(13) + Chr(10) + Time$    '分行显示系统日期和时间
End Sub
```

2. 设计一个密码校验程序，如果输入密码正确，则弹出消息框"欢迎使用技能考试系统！"，如果输入密码错误，则提示"密码错误，请重新输入:"；连续 3 次输入密码错误，则退出程序。效果如图 9-1-2~图 9-1-4 所示。密码校验控件属性如表 9-1-2 所示。

图 9-1-2　输入密码

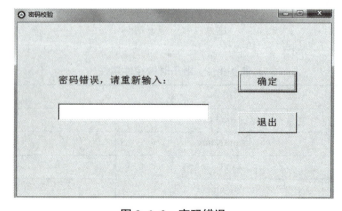

图 9-1-3　密码错误

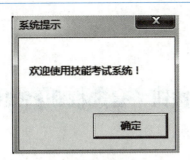

图 9-1-4 密码正确

表 9-1-2 密码校验控件属性

控件	属性	值
Label1	Caption	请输入密码:
	FontName	新宋体
	FontSize	四号
Text1	FontName	新宋体
	FontSize	四号
Command1	Caption	确定
	FontName	新宋体
	FontSize	四号
Command2	Caption	退出
	FontName	新宋体
	FontSize	四号

编写如下事件过程。

```
Private Sub Command1_Click()
  Static n As Integer              '定义静态变量n,用于统计密码输入次数
  If Text1.Text = "12345678" Then  '如果输入密码正确,则弹出消息框
    MsgBox "欢迎使用技能考试系统! ", 0, "系统提示"
  Else
    n = n + 1
    Label1.Caption = "密码错误,请重新输入: "
    Text1.Text = " "
  End If
  If n = 3 Then End                '如果连续3次输入密码错误,则退出程序
End Sub
Private Sub Command2_Click()
    End
End Sub
```

9.2 单选按钮、复选框和框架控件及应用

知识测评

一、填空题

1. 单选按钮的重要属性 Value 的数据类型是_____，选中时值为_____，未选中时值为_____。
2. 复选框的重要属性 Value 的数据类型是_____，选中时值为_____，未选中时值为_____，不可用时值为_____。
3. 框架的_____属性用于设置边线。

【答案】

1. 逻辑型，True，False
2. 数值型，1，0，2
3. BorderStyle

二、简答题

1. 单选按钮和复选框有什么区别？

【解析】（1）单选按钮为用户提供一组选项，用户只能在该组选项中选择一项。当选中某一项时，该单选按钮的圆圈内将显示一个黑点，表示被选中，同时其他单选按钮中的黑点消失，表示未被选中；单选按钮的 Value 属性值为逻辑型，值为 False 表示未被选中，值为 True 表示被选中。

（2）复选框为用户提供一组选项，用户可在该组选项中同时选择多项。当选中某一项时，该复选框的方框内将显示"√"，表示被选中，在一组复选框中可以同时选择多个选项，也可以一个都不选。复选框的 Value 属性值为数值型，值为 0 表示未被选中，值为 1 表示被选中，值为 2 表示不可用。

2. 框架的作用是什么？

【解析】框架是一个容器控件，用于对窗体中相同性质的控件进行分组。框架既起到了视觉上对控件进行区分的作用，又可以让其中的控件处于激活或屏蔽状态。

三、操作题

设计一个个人信息界面，单击"确定"按钮，文本框显示所有选中内容，效果如图 9-2-1 所示。个人信息控件属性如表 9-2-1 所示。

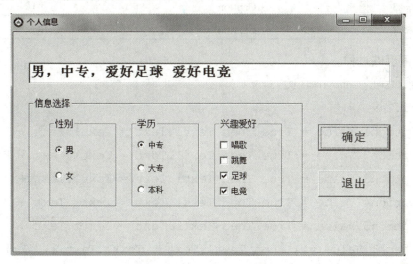

图 9-2-1　个人信息界面

表 9-2-1　个人信息控件属性

控件	属性	值
Text1	FontName	新宋体
	FontSize	三号
	FontBold	True
Frame1	Caption	信息选择
	FontSize	五号
Frame2	Caption	性别
	FontSize	五号
Frame3	Caption	学历
	FontSize	五号
Frame4	Caption	兴趣爱好
	FontSize	五号
Option1	Caption	男
Option2	Caption	女
Option3	Caption	中专
Option4	Caption	大专
Option5	Caption	本科
Check1	Caption	唱歌

续表

控件	属性	值
Check2	Caption	跳舞
Check3	Caption	足球
Check4	Caption	电竞

编写如下事件过程。

```
Private Sub Command1_Click()
  Text1.Text = ""
  If Option1.Value = True Then Text1.Text = Text1.Text + "男"
  If Option2.Value = True Then Text1.Text = Text1.Text + "女"
  If Option3.Value = True Then Text1.Text = Text1.Text + "中专"
  If Option4.Value = True Then Text1.Text = Text1.Text + "大专"
  If Option5.Value = True Then Text1.Text = Text1.Text + "本科"
  If Check1.Value = 1 Then Text1.Text = Text1.Text + "爱好唱歌"
  If Check2.Value = 1 Then Text1.Text = Text1.Text + "爱好跳舞"
  If Check3.Value = 1 Then Text1.Text = Text1.Text + "爱好足球"
  If Check4.Value = 1 Then Text1.Text = Text1.Text + "爱好电竞"
End Sub
Private Sub Command2_Click()
  End
End Sub
```

9.3 计时器和滚动条控件及应用

知识测评

一、单项选择题

1. 若要将计时器的时间间隔设置为1s，那么计时器的Interval属性值应设置为（　　）。

A. 1　　　　　　　　　　　　　B. 10

C. 100　　　　　　　　　　　　D. 1000

【解析】 本题考查计时器的Interval属性。Interval属性是计时器的重要属性，用来设置计时器触发事件的周期，Interval属性值为1000时，表示每秒钟发生一次计时器事件。

【答案】 D

2. 若要关闭计时器，应将计时器的（　　）属性值设为False。

A. Enabled　　　　　　　　　　B. Interval

C. Value　　　　　　　　　　　D. Timer

【解析】 本题考查计时器的Enabled属性。Enabled属性用来设置计时器是否响应事件，其值为True表示响应事件，其值为False表示不响应事件。

【答案】 A

3. 下列名称中（　　）是指水平滚动条。

A. HScroll　　　　　　　　　　B. VScroll

C. Scroll　　　　　　　　　　　D. List

【解析】 本题考查滚动条的类型和名称。滚动条分为水平滚动条（默认名称为HScroll）和垂直滚动条（默认名称为VScroll）。

【答案】 A

二、填空题

1. 计时器控件可识别的事件是_____，发生该事件的时间间隔由_____属性来设置，其单位是_____。

2. 滚动条的Min属性默认值为_____，Max属性默认值为_____。

3. 单击滚动条两端箭头时，若要使滑块移动时增加或减小的值变大，需要通过滚动条_____的_____属性进行设置。

【答案】

1．Timer，Interval，ms（毫秒）

2．0，32 767

3．SmallChange

三、简答题

1．计时器的作用和特点是什么？

【解析】（1）作用。利用系统内部的计时器定制时间间隔，通过触发 Timer 事件，有规律地每隔一段时间执行一次 Timer 事件下的代码。

（2）特点。计时器只在设计时可见，在运行时不可见。Interval 属性取值范围为 0~65 535ms（毫秒），所以最长时间间隔大约为 1min5 s，如果希望每秒执行一次 Timer 事件，可以将 Interval 属性值设为 1 000。

2．滚动条有哪几种类型？它最重要的属性和事件是什么？

【解析】滚动条分为水平滚动条（默认名称为 HScroll）和垂直滚动条（默认名称为 VScroll）。它最重要的属性是 Value 属性，用来表示当前滑块在滚动条上的位置，其值在 Min 和 Max 之间；它最重要的事件是 Change 事件，在滚动条的 Value 属性值发生改变时触发该事件。

4．操作题

1．设计一个交通信号灯，系统启动后每隔 1 s 顺序切换红、绿、黄三色信号灯，效果如图 9-3-1 和图 9-3-2 所示（Shape 控件：用来创建形状的控件，通过设置其 Shape 属性创建不同形状的图形：0 为矩形，1 为正方形，2 为椭圆形，3 为圆形）。交通信号灯控件属性如表 9-3-1 所示。

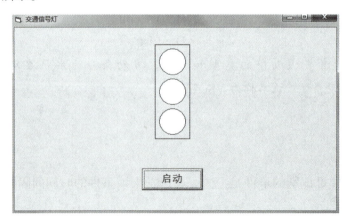

图 9-3-1　交通信号灯启动前

单元 9 Visual Basic 常用控件及应用

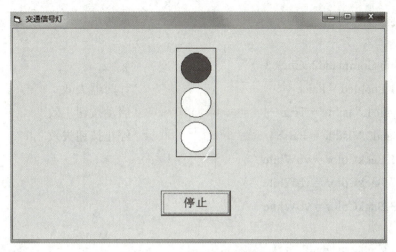

图 9-3-2 交通信号灯启动后

表 9-3-1 交通信号灯控件属性

控件	属性	值
Shape1	Shape	3-Circle（圆形）
	BackStyle	1-Opaque（不透明）
Shape2	Shape	3-Circle
	BackStyle	1-Opaque
Shape3	Shape	3-Circle
	BackStyle	1-Opaque
Shape4	Shape	0-Rectangle（矩形）
Timer1	Interval	1000
	Enabled	False
Command1	Caption	启动
	FontName	新宋体
	FontSize	四号
	Enabled	True
Command2	Caption	停止
	FontName	新宋体
	FontSize	四号
	Enabled	False

编写如下事件过程。

Private Sub Command1_Click（ ）

    Timer1.Enabled = True   '计时器生效

    Command1.Visible = False   '启动按钮失效

```
        Command2.Visible = True                    '停止按钮生效
    End Sub
    Private Sub Command2_Click()
        Timer1.Enabled = False                     '计时器失效
        Command1.Visible = True                    '启动按钮生效
        Command2.Visible = False                   '停止按钮失效
        Shape1.BackColor = vbWhite
        Shape2.BackColor = vbWhite
        Shape3.BackColor = vbWhite
    End Sub
    Private Sub Timer1_Timer()
    Static n As Integer
    n = n + 1
    Select Case n                                  '定义静态变量 n
        Case 1                                     '显示红色信号灯
            Shape1.BackColor = vbRed
            Shape2.BackColor = vbWhite
            Shape3.BackColor = vbWhite
        Case 2                                     '显示绿色信号灯
            Shape2.BackColor = vbGreen
            Shape1.BackColor = vbWhite
            Shape3.BackColor = vbWhite
        Case 3                                     '显示黄色信号灯
            Shape3.BackColor = vbYellow
            Shape1.BackColor = vbWhite
            Shape2.BackColor = vbWhite
            n = 0
    End Select
    End Sub
```

2. 设计一个颜色渐变程序，单击滚动条，图片框显示由浅到深的绿色背景，效果如图 9-3-3 所示。[RGB（255，255，255）表示白色，RGB（0，0，0）表示黑色]。颜色渐变控件属性如表 9-3-2 所示。

图 9-3-3 颜色渐变

表 9-3-2 颜色渐变控件属性

控件	属性	值
Label1	Caption	单击滚动条改变图片框背景颜色
	FontName	新宋体
	FontSize	四号
	FontBold	True
HScroll1	Min	0
	Max	255
	SmallChange	40
	LargeChange	40

编写如下事件过程。

Private Sub Form_Load（）

    Picture1.BackColor = RGB（255，255，255）

End Sub

Private Sub HScroll1_Change（）

    Picture1.BackColor = RGB（255 – HScroll1.Value，255，255 – HScroll1.Value）

End Sub

9.4 列表框和组合框控件及应用

知识测评

一、选择题

1．列表框和组合框具有许多相同的属性，其中有一个 Style 属性，下列关于该属性的说法中正确的是（　　）。

A．列表框和组合框均具有该属性，且含义一样

B．列表框具有该属性，而组合框不具有该属性

C．列表框不具有该属性，而组合框具有该属性

D．列表框和组合框均具有该属性，但含义不一样

【解析】 本题考查组合框的 Style 属性。Style 属性用来表示组合框的类型，值为 0 时表示"下拉式组合框"，值为 1 时表示"简单组合框"，值为 2 时表示"下拉式列表框"。

【答案】 C

2．下列关于组合框的说法中错误的是（　　）。

A．组合框 Style 属性值为 0 时表示"下拉式组合框"

B．组合框 Style 属性值为 1 时表示"简单组合框"

C．组合框 Style 属性值为 2 时表示"下拉式列表框"

D．组合框 Style 属性值为 3 时表示"列表组合框"

【解析】 见上题。

【答案】 D

3．若要在窗体上显示列表框中当前选中项目的文本内容，应设置的代码是（　　）。

A．Form1.Print List1.List　　　　　B．Form1.Print List1.Text

C．Form1.Print List1.Index　　　　 D．Form1.Print List1.ListIndex

【解析】 本题考查列表框的 Text 属性。Text 属性用来返回当前选中项目的文本内容。

【答案】 B

4．若要在窗体上显示列表框中当前选中的列表项的位置，应设置的代码是（　　）。

A．Form1.Print List1.List　　　　　B．Form1.Print List1.Text

C．Form1.Print List1.Index　　　　 D．Form1.Print List1.ListIndex

【解析】 本题考查列表框的 ListIndex 属性。ListIndex 属性用来返回当前选中的列表

项的位置（下标值从 0 开始），属性值为数值型，未选中时默认值为 –1。

【答案】 D

5. 若要清除列表框中的所有项目，应设置的代码是（　　）。

A．List1.AddItem　　　　　　　　B．List1.RemoveItem

C．List1.Clear　　　　　　　　　D．List1.Cls

【解析】 本题考查列表框的 Clear 方法。Clear 方法用来清除列表框中的所有内容。

【答案】 C

二、简答题

1. 列表框 List 属性的下标值是如何规定的？

【解析】 List 属性用来返回或设置列表框中某一项目的文本内容，例如，若要将列表中第 3 项的文本内容设置为"广州"，需要在相应的事件过程中写入代码：List1.List（2）=" 广州 "（下标值从 0 开始）。

2. 组合框有哪几种类型？

【解析】 组合框有 3 种类型，由 Style 属性值来决定组合框的类型。值为 0 时表示"下拉式组合框"，值为 1 时表示"简单组合框"，值为 2 时表示"下拉式列表框"。

3. 操作题

1. 设计一个文明城市评选程序，单击">"和"<"按钮可以实现左右框当前选中项目文本内容反向传输，单击">>"和"<<"按钮可以实现左右框列表项所有文本内容反向传输，效果如图 9-4-1 和图 9-4-2 所示。文明城市评选控件属性如表 9-4-1 所示。

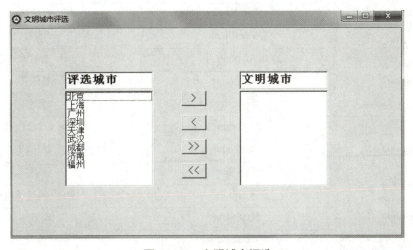

图 9-4-1　文明城市评选

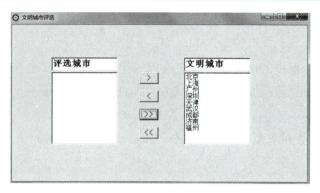

图 9-4-2　单击 ">>" 按钮

表 9-4-1　文明城市评选控件属性

控件	属性	值
Text1	Text	评选城市
	FontName	新宋体
	FontSize	四号
	FontBold	True
Text2	Text	文明城市
	FontName	新宋体
	FontSize	四号
	FontBold	True
List1	FontSize	五号
List2	FontSize	五号
Command1	Caption	>（过滤一个）
	FontName	新宋体
	FontSize	四号
Command2	Caption	<（反向过滤一个）
	FontName	新宋体
	FontSize	四号
Command3	Caption	>>（过滤所有）
	FontName	新宋体
	FontSize	四号
Command4	Caption	<<（反向过滤所有）
	FontName	新宋体
	FontSize	四号

编写如下事件过程。

```
Private Sub Form_Load()
```

```vb
    List1.AddItem "北京"
    List1.AddItem "上海"
    List1.AddItem "广州"
    List1.AddItem "深圳"
    List1.AddItem "天津"
    List1.AddItem "武汉"
    List1.AddItem "成都"
    List1.AddItem "济南"
    List1.AddItem "福州"
End Sub
Private Sub Command1_Click()
    List2.AddItem List1.Text          '将列表框1当前项目的内容添加到列表框2
    List1.RemoveItem List1.ListIndex  '删除列表框1当前项目
End Sub
Private Sub Command2_Click()
    List1.AddItem List2.Text          '将列表框2当前项目的内容添加到列表框1
    List2.RemoveItem List2.ListIndex  '删除列表框2当前项目
End Sub
Private Sub Command3_Click()
  n = List1.ListCount                 '统计列表框1的项目数
  For i = 0 To n - 1
    List2.AddItem List1.List(i)       '将列表框1的项目内容逐项添加到列表框2
  Next i
  List1.Clear                         '清除列表框1的所有项目
End Sub
Private Sub Command4_Click()
  n = List2.ListCount                 '统计列表框2的项目数
  For i = 0 To n - 1
    List1.AddItem List2.List(i)       '将列表框2的项目内容逐项添加到列表框1
  Next i
  List2.Clear                         '清除列表框2的所有项目
End Sub
```

2. 设计一个产品型号选择程序，效果如图9-4-3和图9-4-4所示。产品型号选择控制属性如表9-4-2所示。

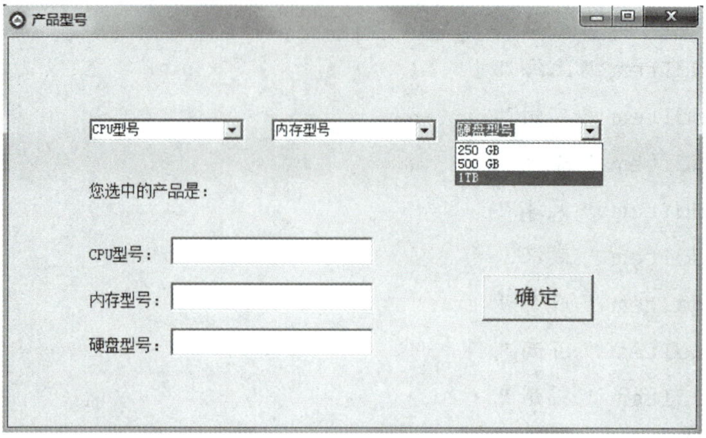

图 9-4-3　产品型号选择

图 9-4-4　单击"确定"按钮

表 9-4-2　产品型号控件属性

控件	属性	值
Combo1	Text	CPU 型号
Combo2	Text	内存型号
Combo3	Text	硬盘型号
Label1	Caption	您选中的产品是：
	FontSize	五号
Label2	Caption	CPU 型号：
	FontSize	五号
Label3	Caption	内存型号：
	FontSize	五号
Label4	Caption	硬盘型号：
	FontSize	五号

续表

控件	属性	值
Text1	FontSize	五号
Text2	FontSize	五号
Text3	FontSize	五号
Command1	Caption	确定
	FontName	新宋体
	FontSize	四号

编写如下事件过程。

```
Private Sub Form_Load( )
  Combo1.AddItem "Intel 酷睿 i3 2120"
  Combo1.AddItem "Intel 酷睿 i5 2400"
  Combo1.AddItem "Intel 酷睿 i7 2600"
  Combo2.AddItem "2 GB DDR3"
  Combo2.AddItem "2 GB DDR3 13333 MHz"
  Combo2.AddItem "4 GB DDR3 13333 MHz"
  Combo3.AddItem "250 GB"
  Combo3.AddItem "500 GB"
  Combo3.AddItem "1TB"
End Sub
Private Sub Command1_Click( )
  Text1.Text = Combo1.Text
  Text2.Text = Combo2.Text
  Text3.Text = Combo3.Text
End Sub
```

9.5 图片框和图像框控件及应用

一、填空题

1. 若要在图片框中装入一个图形文件（D：\picture\example.jpg），应使用的语句是_____。
2. 若图片框中已装入一个图形文件，要清除该图形文件，应使用的语句是_____。
3. 为了能够根据图形大小自动调整图片框大小，应该把图片框的_____属性设置为_____。
4. 为了能够自动放大或缩小图形以适应图像框大小，应该把图像框的_____属性设置为_____。
5. 图片框或图像框内可以显示扩展名为_____、_____、_____、_____、_____的图片。

【答案】

1. LoadPicture("D:\picture\example.jpg")
2. LoadPicture(" ")
3. AutoSize
4. Stretch
5. bmp、ico、emf、jpg、gif

二、判断题

1. 图片框有 Stretch 属性而图像框没有。（　　）

【解析】 本题考查图片框和图像框的区别。图片框通过设置 AutoSize 属性来自动调整图片框大小以显示图形全部内容；图像框通过设置 Stretch 属性来自动调整图形大小，使图形大小与图像框大小相适应。

【答案】 错误

2. 图像框内还可包括其他控件。（　　）

【解析】 本题考查图片框和图像框的区别。图片框除了可以显示图形外，还可以作为其他控件的容器；图像框只能显示图形，不能作为其他控件的容器。

【答案】 错误

3．图像框比图片框占用内存少，显示速度快。　　　　　　　　　　　　　（　　）

【解析】 本题考查图片框和图像框的区别。图像框比图片框占用内存少，显示速度快。

【答案】 正确

三、简答题

1．图片框与图像框的区别是什么？

【解析】（1）图片框：①除了可显示图形外，还可以作为其他控件的容器；②可以根据图形大小自动调整图片框大小（设置 AutoSize 属性）；③可以使用 Print 方法。

（2）图像框：①只能显示图形，不能作为其他控件的容器；②可以根据图像框大小自动调整图形大小（设置 Strech 属性）；③不可以使用 Print 方法；④占用内存少，显示速度快。

2．AutoSize 属性和 Stretch 属性的区别是什么？

【解析】（1）AutoSize 属性：图片框的属性，用来自动调整图片框大小以显示图形全部内容。

（2）Stretch 属性：图像框的属性，用来自动调整图形大小，使图形大小与图像框大小相适应。

四、操作题

设计一个图片显示和清除程序，单击"显示"按钮，图片框显示图片，单击"清除"按钮，图片框中的图片被清除，效果如图 9-5-1 和图 9-5-2 所示。图片显示和清楚控件属性如表 9-5-1 所示。

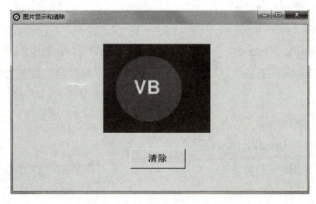

图 9-5-1　单击"清除"按钮

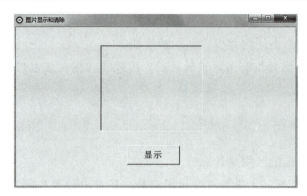

图 9-5-2　单击"显示"按钮

表 9-5-1　图片显示和清除控件属性

控件	属性	值
Picture1	AutoSize	True
Command1	Caption	显示
Command1	FontName	新宋体
Command1	FontSize	四号
Command1	Visible	True
Command2	Caption	清除
Command2	FontName	新宋体
Command2	FontSize	四号
Command2	Visible	False

编写如下事件过程。

```
Private Sub Command1_Click（ ）
    Picture1.Picture = LoadPicture（"D：\picture\vb.jpg"）
    Command1.Visible = False              '"显示"按钮失效
    Command2.Visible = True               '"清除"按钮生效
End Sub
    Private Sub Command2_Click（ ）
    Picture1.Picture = LoadPicture（""）
    Command1.Visible = True               '"显示"按钮生效
    Command2.Visible = False              '"清除"按钮失效
End Sub
```

9.6 菜单设计及应用

知识测评

一、填空题

1. 菜单分为_____菜单和_____菜单。
2. 下拉式菜单只包含一个_____事件。
3. 弹出式菜单通过_____和_____事件过程调用_____方法来显示快捷菜单。
4. 设计弹出式菜单时应把主菜单项的"可见"属性设置为_____,即把主菜单项的"可见"前面方框内的"√"_____。
5. MouseDown 事件过程通过参数_____返回用户单击的鼠标键代号,值为_____表示单击左键,值为_____表示单击右键。

【答案】

1. 下拉式,弹出式
2. Click
3. MouseDown,MouseUp,PopupMenu
4. False(不可见),取消
5. Button,1,2

二、简答题

1. 下拉式菜单与弹出式菜单的区别是什么?

【解析】(1)下拉式菜单:所有的菜单项只能触发 Click 事件;菜单编辑器中所有菜单项的"可见"属性设置为 True(可见)。

(2)弹出式菜单:通过 MouseDown 和 MouseUp 事件过程调用 PopupMenu 方法来显示快捷菜单;菜单编辑器中主菜单项的"可见"属性设置为 False(不可见)。

2. 设计弹出式菜单时,MouseDown 事件过程中的参数 Button 表示什么?

【解析】 MouseDown 事件过程通过参数 Button 返回用户单击的鼠标键代号,值为 1 表示单击左键,值为 2 表示单击右键。

三、操作题

设计一个菜单，效果如图 9-6-1 所示。菜单控件属性如表 9-6-1 所示。

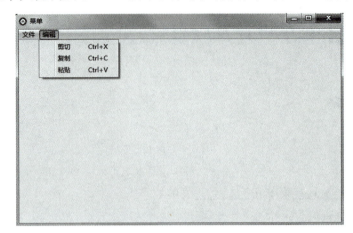

图 9-6-1 菜单设计

表 9-6-1 菜单控件属性

控件	属性	值
主菜单项 1	标题	文件
	名称	wj
子菜单项 1	标题	新建
	名称	xj
子菜单项 2	标题	打开
	名称	dk
子菜单项 3	标题	保存
	名称	bc
主菜单项 2	标题	编辑
	名称	bj
子菜单项 1	标题	剪切
	名称	jq
	快捷键	Ctrl+X
子菜单项 2	标题	复制
	名称	fz
	快捷键	Ctrl+C
子菜单项 3	标题	粘贴
	名称	zt
	快捷键	Ctrl+V

9.7 单元测试

一、选择题

1. 窗体标题栏显示的内容由窗体的（　　）属性决定。
   A．Name　　　　　　　　　B．Caption
   C．BackColor　　　　　　　D．Enabled

   【解析】　本题考查窗体的 Caption 属性。Caption 属性用来设置窗体标题栏显示的文本内容。

   【答案】　B

2. FontBold 属性用来设置文字是否为粗体，其值为（　　）。
   A．字符型　　　　　　　　　B．逻辑型
   C．整型　　　　　　　　　　D．数值型

   【解析】　本题考查 FontBold 属性。FontBold 属性用来设置窗体和控件的文字是否采用粗体格式，它的值为逻辑型，值为 True 表示文字加粗，值为 False 表示文字不加粗。

   【答案】　B

3. 在标签中显示的文本内容由（　　）属性来实现。
   A．Name　　　　　　　　　B．Caption
   C．Text　　　　　　　　　　D．ForeColor

   【解析】　本题考查标签的 Caption 属性。Caption 属性用来设置标签中显示的文本内容。

   【答案】　B

4. 要使标题在标签内居中显示，Alignment 属性的取值应为（　　）。
   A．0　　　　　　　　　　　B．1
   C．2　　　　　　　　　　　D．3

   【解析】　本题考查标签的 Alignment 属性。Alignment 属性用来设置标签中文字的对齐方式，值为 0-Left（默认）表示左对齐，值为 1-Right 表示右对齐，值为 2-Center 表示居中。

   【答案】　C

5. 要使标签根据所显示文本内容自动调整其大小，可以通过设置（　　）属性值为 True 来实现。
   A．AutoSize　　　　　　　　B．Alignment

C. Enabled D. Visible

【解析】 本题考查标签的 AutoSize 属性。AutoSize 属性用来设置标签是否依据文本内容自动调整大小，值为 True 表示可以自动调整，值为 False 表示不能自动调整。

【答案】 A

6. 文本框没有（　　）属性。

  A. BackColor B. Enabled
  C. Visible D. Caption

【解析】 本题考查文本框的属性。文本框用来显示或输入文本内容的属性是 Text 属性，而不是 Caption 属性。

【答案】 D

7. 如果要设置文本框最多可以接收的字符数，则可以使用（　　）属性。

  A. Length B. Multiline
  C. Max D. MaxLength

【解析】 本题考查文本框的 MaxLength 属性。MaxLength 属性用来设置文本框允许输入的最大字符数。

【答案】 D

8. 用来设置斜体字的属性是（　　）。

  A. FontItalic B. FontBold
  C. FontName D. FontSize

【解析】 本题考查 FontItalic 属性。FontItalic 属性用来设置窗体和控件的文字是否采用倾斜格式，它的值为逻辑型，值为 True 表示文字倾斜，值为 False 表示文字不倾斜。

【答案】 A

9. 在运行程序时，要使文本框获得焦点，需要使用（　　）方法。

  A. Change B. SetFocus
  C. GotFocus D. Move

【解析】 本题考查文本框获得焦点的方法。SetFocus 方法可以将光标置于指定文本框。

【答案】 B

10. 下列控件中，具有 Stretch 属性的是（　　）。

  A. 标签 B. 文本框
  C. 图片框 D. 图像框

【解析】 本题考查图像框的 Stretch 属性。Stretch 属性用来自动调整图形大小，使图形大小与图像框大小相适应。

【答案】 D

11. 命令按钮上显示的文本内容由（　　）属性来设置。

  A. Tex B. Caption

C. Name D. Show

【解析】 本题考查命令按钮的 Caption 属性。Caption 属性用来设置命令按钮上显示的文本内容。

【答案】 B

12. 若要将命令按钮设置为默认选择命令按钮，可以通过（　　）属性来实现。

A. Value B. Cancel
C. Default D. Enabled

【解析】 本题考查命令按钮的 Default 属性。Default 属性用来设置 Enter 键的功能，值为 True 表示按 Enter 键，相当于单击该命令按钮，同一窗体中当某个按钮的值为 True 时（默认选择此按钮），其他按钮的值均为 False。

【答案】 C

13. 要使命令按钮失效，可以设置（　　）属性的值为 False 来实现。

A. Value B. Enabled
C. Visible D. Cancel

【解析】 本题考查命令按钮的 Enabled 属性。Enabled 属性用来设置命令按钮是否有效，值为 True 表示有效，值为 False 表示失效（灰色）。

【答案】 B

14. 若要使命令按钮在屏幕上不可见，可以通过修改（　　）属性实现。

A. Value B. Enabled
C. Visible D. Cancel

【解析】 本题考查命令按钮的 Visible 属性。Visible 属性用来设置命令按钮是否可见，值为 True 表示可见，值为 False 表示不可见。

【答案】 C

15. 当复选框的 Value 属性值为（　　）时表示该复选框被选中。

A. 0 B. 1
C. 2 D. 3

【解析】 本题考查复选框的 Value 属性。Value 属性用来返回或设置复选框的状态，值为 0 表示未被选中，值为 1 表示被选中，值为 2 表示不可用。

【答案】 B

16. 下列控件中（　　）不能接收 GotFocus 和 LostFocus 事件。

A. 命令按钮 B. 组合框
C. 复选按钮 D. 计时器

【解析】 本题考查计时器事件。计时器只有 Timer 事件。

【答案】 D

17. 若要得到列表框中项目的数量，可以访问（　　）属性。

A. List B. ListIndex
C. ListCount D. Text

【解析】 本题考查列表框的 ListCount 属性。ListCount 属性用来返回列表框中项目的数量，属性值为数值型。

【答案】 C

18. 若要清除列表框中的所有项目内容，可以使用（　　）方法。

A. AddItem B. Remove
C. Clear D. Print

【解析】 本题考查列表框的 Clear 方法。Clear 方法用来清除列表框中的所有内容。

【答案】 C

19. 删除列表框中的某一个项目，需要使用（　　）方法。

A. Clear B. Remove
C. Move D. RemoveItem

【解析】 本题考查列表框的 RemoveItem 方法。RemoveItem 方法用来在列表框中删除一行文本。

【答案】 D

20. 在组合框中选中某一项目内容，可以通过（　　）属性获得。

A. List B. ListIndex
C. ListCount D. Text

【解析】 本题考查组合框的 Text 属性。Text 属性用来返回当前选中项目的文本内容。

【答案】 D

21. 若要获得滚动条的当前位置，可以通过访问（　　）属性实现。

A. Value B. Max
C. Min D. LargeChange

【解析】 本题考查滚动条的 Value 属性。Value 属性用来表示当前滑块在滚动条上的位置，其值在 Min 和 Max 之间。

【答案】 A

22. 当用鼠标拖动滚动条时可以触发（　　）事件。

A. Move B. Change
C. Click D. DblClick

【解析】 本题考查滚动条的 Change 事件。Change 事件是在滚动条的 Value 属性值改变时触发的。

【答案】 B

23. 设置计时器的时间间隔可以通过（　　）属性来实现。

A. Value B. Text

C. Max D. Interval

【解析】 本题考查计时器的 Interval 属性。Interval 属性是计时器的重要属性,用来设置计时器触发事件的周期,Interval 属性值为 1 000 时,表示每秒钟发生一次计时器事件。

【答案】 D

24．暂时关闭计时器,需设置（　　）属性。

A. Visible B. Enabled
C. Lock D. Cancel

【解析】 本题考查计时器的 Enabled 属性。Enabled 属性用来设置计时器是否有效,值为 True 表示有效,值为 False 表示失效（关闭）。

【答案】 B

25．下列控件中没有 Caption 属性的是（　　）。

A. 框架 B. 列表框
C. 复选框 D. 单选按钮

【解析】 本题考查列表框的属性。列表框显示文本内容的属性是 List 属性。

【答案】 B

26．复选框的 Value 属性值为 0 时,表示（　　）。

A. 复选框未被选中 B. 复选框被选中
C. 复选框内有灰色的勾 D. 复选框操作有误

【解析】 本题考查复选框的 Value 属性。Value 属性用来返回或设置复选框的状态,值为 0 表示未被选中,值为 1 表示被选中,值为 2 表示不可用。

【答案】 A

27．列表框的（　　）属性是数组。

A. List B. Text
C. ListIndex D. ListCount

【解析】 本题考查列表框的 List 属性。List 属性用来返回或设置某一项目的文本内容。例如,若要将列表中第 3 项的文本内容设置为"广州",应在相应的事件过程中写入代码：List1.List（2）=" 广州 "（下标值从 0 开始）。

【答案】 A

28．将数据项"上海"添加到列表框 List1 中成为第二项应使用（　　）语句。

A. List1.AddItem " 上海 ", 1 B. List1.AddItem " 上海 ", 2
C. List1.AddItem 1, " 上海 " D. List1.AddItem 2, " 上海 "

【解析】 本题考查列表框的 AddItem 方法。AddItem 方法可以在列表框中添加一行文本。

【答案】 A

29．引用列表框 List1 的最后一个数据项,应使用（　　）语句。

A. List1.List（List1.ListCount） B. List1.List（ListCount）
C. List1.List（List1.ListCount-1） D. List1.List（ListCount-1）

【解析】 本题考查列表框的 ListCount 属性。ListCount 属性用来返回列表框中项目的数量，因此列表框 List1 的最后一项为 List1.ListCount-1（下标从 0 开始）。

【答案】 C

30．假如列表框 List1 有 4 个数据项，那么要把数据项"China"添加到列表框的最后，应使用（　　）语句。

A. List1.AddItem 3，"China" B. List1.AddItem "China"，List1.ListCount-1
C. List1.AddItem "China"，3 D. List1.AddItem "China"，List1.ListCount

【解析】 本题考查列表框的 AddItem 方法和 ListCount 属性。AddItem 方法可以在列表框中添加一行文本，ListCount 属性用来返回列表框中项目的数量，因此列表框 List1 的最后一项为 List1.ListCount-1（下标从 0 开始）。

【答案】 B

二、判断题

1．窗体的 Load 事件是在窗体加载时发生的。　　　　　　　　　　　　　　（　　）

【解析】 本题考查窗体的 Load 事件。窗体的 Load 事件是在窗体加载时发生的。

【答案】 正确

2．属性只能在属性窗口中设置。　　　　　　　　　　　　　　　　　　　　（　　）

【解析】 属性可以在属性窗口中设置或在程序代码中设置。在属性窗口中设置比较方便、直观，但是如果属性需要在程序运行时改变，就必须在程序代码中设置。

【答案】 错误

3．所有的控件都有 Name 属性。　　　　　　　　　　　　　　　　　　　　（　　）

【解析】 Name 属性用来设置控件的名称，程序调用时通过 Name 来查找控件。

【答案】 正确

4．标签控件显示的内容只能通过 Caption 属性来设置，不能够直接编辑。（　　）

【解析】 标签控件可以显示（输出）文本，但不能输入文本，也不能编辑文本区域（只读），常用于显示标题和结果。

【答案】 正确

5．文本框控件也有 Caption 属性。　　　　　　　　　　　　　　　　　　　（　　）

【解析】 文本框用来显示或输入文本内容的属性是 Text 属性，而不是 Caption 属性。

【答案】 错误

6．命令按钮的 Value 属性值为 True 时，表示按钮被按下。　　　　　　　　（　　）

【解析】 命令按钮没有 Value 属性。

【答案】 错误

7．命令按钮没有 DblClick 事件。   （ ）

【解析】 命令按钮的常用事件有 Click、MouseUp、MouseDown 等，没有 DblClick 事件。

【答案】 正确

8．计时器只有 Timer 事件。   （ ）

【解析】 计时器只有 Timer 事件。

【答案】 正确

9．图像框可以作为其他控件的容器使用。   （ ）

【解析】 图片框可以作为其他控件的容器使用，而图像框不能。

【答案】 错误

10．能将图片框隐藏起来的属性是 Visible。   （ ）

【解析】 本题考查图片框的 Visible 属性。Visible 属性用来设置图片框是否可见，值为 True 表示可见，值为 False 表示不可见。

【答案】 正确

三、填空题

1．在程序中设置窗体 Form1 的 Caption 属性为"控件练习"，使用的赋值语句是_____。

2．在程序中设置窗体 Form1 为隐藏状态的语句是_____，设置窗体 Form2 为显示状态的语句是_____。

3．若要使标签有边框，需设置 BorderStyle 属性的值为_____。

4．在程序运行期间，用户可以用文本框显示或输入信息，文本框接收输入信息的属性是_____。

5．若要使文本框能够接受多行文本，则需要设置 Multiline 属性的值为_____。

6．若要使命令按钮 Command1 重新生效，则使用的赋值语句为_____。

7．若要设置水平或垂直滚动条的最小值，需要设置_____属性。

8．计时器每经过一个由 Interval 属性指定的时间间隔就会触发一次_____事件。

9．若要使计时器每 0.5s 触发一次 Timer 事件，则要把_____属性值设置为_____。

10．若要把图形文件"C：\exam\apple.jpg"装载到图片框 Picture1 中，应使用的语句为_____。

11．若程序中要把一些文本内容输出到图片框，应使用_____方法。

12．当单选按钮的 Value 属性值为_____时，表示该单选按钮处于未被选中状态。

13．当复选框的 Value 属性值为_____时，表示该复选框处于被选中状态。

14．使用滚动条时，若要设置用鼠标单击两个滚动箭头之间区域的最大滚动幅度，需要设置_____属性。

15. 列表框中项目的序号从_____开始，到_____结束。

16. 若要在窗体上显示列表框 List1 中序号为 3 的项目内容，应使用的语句为_____。

17. 若要向组合框 Combo2 添加序号为 5、内容为"计算机网络"的项目，应使用的语句为_____。

18. 若要删除组合框 Combo1 中序号为 3 的项目，应使用的语句为_____。

19. 下拉式菜单只能响应_____事件。

20. 弹出快捷菜单应使用_____方法，MouseDown 事件过程通过参数 Button 返回用户单击的鼠标键代号，值为_____时表示单击右键。

【答案】

1. Form1.Caption=" 控件练习 "

2. Form1.Hide，Form2.Show

3. 1

4. Text

5. True

6. Command1.Enabled=True

7. Min

8. Timer

9. Interval，500

10. Picture1.Picture=LoadPicture（"C：\exam\apple.jpg"）

11. Print

12. False

13. 1

14. LargeChange

15. 0，Listcount-1

16. PrintList1.List（2）

17. Combo2.AddItem" 计算机网络 "，4

18. Combo1.ReMoveItem 2

19. Click

20. PopupMenu，2

四、简答题

1. 控件的属性、方法和事件是什么？

【解析】（1）属性是指用于描述对象的名称、位置、颜色、字体等特征的一些指标，可以通过属性改变对象的特性。属性可以在属性窗口中设置，或在程序代码中设置。在属性窗口中设置比较方便、直观，但是如果控件属性需要在程序运行时改变，就必须在程序代码中设置。

（2）方法是指控制对象动作行为的方式，是对象包含的函数或过程。

（3）事件是指由系统事先设定的、能被对象识别和响应的动作。

2．调整控件的大小与位置的属性有哪些？

【解析】（1）调整控件大小的属性：Height（高度）、Width（宽度）。

（2）调整控件位置的属性：Top（上边界）、Left（左边界）。

3．单选按钮和复选框有什么区别？

【解析】（1）单选按钮为用户提供一组选项，用户只能在该组选项中选择一项。当选中某一项时，该单选按钮的圆圈内将显示一个黑点，表示被选中，同时其他单选按钮中的黑点消失，表示未被选中；单选按钮的 Value 属性值为逻辑型，值为 True 表示被选中，值为 False 表示未被选中。

（2）复制框为用户提供一组选项，用户可在该组选项中同时选择多项，当复选框被选中时，前面的方框内将显示一个"√"，表示被选中，在一组复选框中可以选择多个选项，也可以一个都不选。复选框的 Value 属性值为数值型，值为 0 表示未被选中，值为 1 表示被选中，值为 2 表示不可用。

4．列表框和组合框有什么区别？

【解析】（1）列表框用于显示项目列表，用户可以从列表中选择一项或多项。当项目总数超过列表框可显示的项目数时，系统会自动在列表框中添加滚动条。

（2）组合框将文本框和列表框组合成一个控件，用户可以直接从组合框中选定项目，也可以在文本框中输入文本来选定项目。组合框有 3 种类型：下拉式组合框、简单组合框和下拉式列表框。组合框事件依赖于 Style 属性值，只有简单组合框（Style 属性值为 1）才能响应 DblClick 事件。

5．图片框和图像框有什么区别？

【解析】（1）图片框：①除了可显示图形外，还可以作为其他控件的容器；②可以根据图形大小自动调整图片框大小（设置 AutoSize 属性）；③可以使用 Print 方法。

（2）图像框：①只能显示图形，不能作为其他控件的容器；②可以根据图像框大小自动调整图形大小（设置 Stretch 属性）；③不可以使用 Print 方法；④占用内存少，显示速度快。

五、操作题

1．设计一个随机抽奖程序，效果如图 9-7-1~图 9-7-3 所示。随机抽奖控件属性如表 9-7-1 所示。

图 9-7-1 抽奖前

图 9-7-2 抽奖

图 9-7-3 抽奖后

表 9-7-1 随机抽奖控件属性

控件	属性	值
Label1	Caption	随机抽奖
	FontName	华文行楷
	FontSize	20

续表

控件	属性	值
Label2	Caption	本期的中奖号码是：
Label3	Caption	随机抽中的号码是：
Text1	FontSize	48
	Alignment	2
Text2	FontSize	48
	Alignment	2
Text3	FontSize	48
	Alignment	2
Text4	FontSize	48
	Alignment	2
Text5	FontSize	48
	Alignment	2
Text6	FontName	新宋体
	FontSize	二号
Timer1	Interval	100
	Enable	False
Command1	Caption	开始 &S
Command2	Caption	抽奖 &X
Command3	Caption	退出 &E

编写如下事件过程。

Private Sub Command1_Click（）

  Command1.Enabled = False　　　　　　'"开始"按钮失效

  Command2.Enabled = True　　　　　　'"抽奖"按钮生效

  Timer1.Enabled = True　　　　　　'"计时"器生效

  Text6.Text = " "

End Sub

Private Sub Command2_Click（）

  Command1.Enabled = True　　　　　　'"开始"按钮生效

  Command2.Enabled = False　　　　　　'"抽奖"按钮失效

  Timer1.Enabled = False　　　　　　'计时器失效

  Text6.Text = Text1 + Text2 + Text3 + Text4 + Text5　　　　　　'显示抽中号码

End Sub

```
Private Sub Command3_Click（ ）
    End
End Sub
Private Sub Timer1_Timer（   ）
    Text1.Text = Int（Rnd（ ）* 10）          '随机生成 0~9 的整数
    Text2.Text = Int（Rnd（ ）* 10）
    Text3.Text = Int（Rnd（ ）* 10）
    Text4.Text = Int（Rnd（ ）* 10）
    Text5.Text = Int（Rnd（ ）* 10）
End Sub
```

2．设计一个新生入学登记界面，效果如图 9-7-4~图 9-7-6 所示。新生入学登记控件属性如表 9-7-2 所示。

图 9-7-4　登记前

图 9-7-5　登记

单元 9　Visual Basic 常用控件及应用

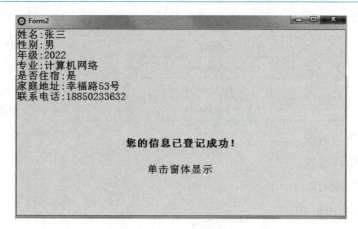

图 9-7-6　登记后

表 9-7-2　新生入学登记控件属性

控件	属性	值
Frame1	Caption	信息登记
	FontSize	五号
Frame2	Caption	性别
	FontSize	五号
Frame3	Caption	是否住宿
	FontSize	五号
Label1	Caption	新生入学登记
	FontSize	三号
	FontBold	True
Label2	Caption	姓　　名：
	FontSize	五号
Label3	Caption	家庭地址：
	FontSize	五号
Label4	Caption	联系电话：
	FontSize	五号
Text1	FontSize	五号
Text2	FontSize	五号
Text3	FontSize	五号
Combo1	Text	年级
Combo2	Text	专业
Option1	Caption	男
Option2	Caption	女
Option3	Caption	是
Option4	Caption	否

续表

控件	属性	值
Command1	Caption	登记
	FontName	新宋体
	FontSize	四号

编写如下事件过程。

（1）Form1 事件过程。

Private Sub Form_Load（ ）

  Combo1.AddItem 2020

  Combo1.AddItem 2021

  Combo1.AddItem 2022

  Combo2.AddItem " 计算机网络 "

  Combo2.AddItem " 数字媒体 "

  Combo2.AddItem " 学前教育 "

  Combo2.AddItem " 机械制造 "

  Combo2.AddItem " 汽车维修 "

  Combo2.AddItem " 电子商务 "

  Combo2.AddItem " 酒店管理 "

End Sub

Private Sub Command1_Click（ ）

  Form1.Hide   '隐藏窗体 1

  Form2.Show   '显示窗体 2

End Sub

（2）Form2 事件过程。

Private Sub Form_Click（ ）

  Print " 姓名： " + Form1.Text1.Text

  If Form1.Option1.Value = True Then Print " 性别： " + Form1.Option1.Caption

  If Form1.Option2.Value = True Then Print " 性别： " + Form1.Option2.Caption

  Print " 年级： " + Form1.Combo1.Text

  Print " 专业： " + Form1.Combo2.Text

  If Form1.Option3.Value = True Then Print " 是否住宿： " + Form1.Option3.Caption

  If Form1.Option4.Value = True Then Print " 是否住宿： " + Form1.Option4.Caption

  Print " 家庭地址： " + Form1.Text2.Text

  Print " 联系电话： " + Form1.Text3.Text

End Sub

单元 10

Visual Basic 数组

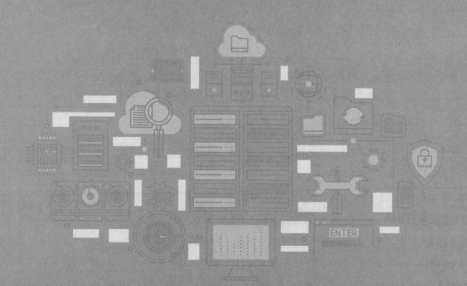

10.1 一维数组

一、选择题

1. 语句 Dim b(-2 to 6)As Integer 定义数组元素的个数是（　　）。

A. 4　　　　　　　　　　　　B. 6

C. 8　　　　　　　　　　　　D. 9

【解析】 语句 Dim b(-2 to 6)定义数组元素下标是 -2，-1，0，1，2，…，6。

【答案】 D

2. 以下一维数组声明语句中正确的是（　　）。

A. Dim a(1, 5)As Integer　　　　B. Dim a[1 to 5]As Integer

C. Dim a(1 to 5)As String　　　　D. Dim a[1 to 5]As String

【解析】 一维数组的声明格式为：Dim 数组名([下标 to] 上标)[as 类型]。

【答案】 C

3. 在窗体上添加一个命令按钮，然后编写以下代码。

```
Private Sub Command1_Click()
    Dim a, i%
    a = Array(1, 2, 3, 4, 5)
    j = 1
    For i = 5 to 1 Step -1
        s = s + a(i) * j
        j = j * 10
    Next i
    Print (s)
End Sub
```

运行上面的程序，单击命令按钮后输出的结果是（　　）。

A. 12345　　　　　　　　　　B. 54321

C. 543210　　　　　　　　　　D. 150

【解析】 循环语句执行的是先后取得 5，4，3，2，1，分别与 1，10，100，1 000，10 000 相乘之和。

【答案】 A

4. 对于下面的程序，当从键盘输入 1，2，4，4，4，-1 时，输出的结果是（   ）。

```
Private Sub Form_Click()
    Dim s(1 to 5) As Integer
    x = Val(InputBox("请输入 x 的值："))
    Do While x <> -1
        s(x) = s(x) + x
        x = Val(InputBox("请输入 x 的值："))
    Loop
    For i = 1 to 5
        If s(i) >= 3 Then Print i; s(i)
    Next I
End Sub
```

A．1 3   B．3 4

C．4 4   D．4 12

【解析】 根据 do while 循环语句可以判断，s（4）=s（4）+4 重复了 3 次，因此 s（4）的值为 12。

【答案】 D

5. 下面正确使用动态数组的是哪一项？（   ）

A．Dim arr（ ）As Integer…ReDim arr（3, 5）

B．Dim arr（ ）As Integer…ReDim arr（50）As String

C．Dim arr（ ）…ReDim arr（50）As Integer

D．Dim arr（50）As Integer…ReDim arr（20）

【解析】 定义动态数组时不能改变数据类型。

【答案】 A

二、判断题

1. 所有定义的一维数组的下标都是从 1 开始记数的。   （   ）

【解析】 数组的下标默认是 0。数组的下标可以通过 Option Base 0 或 1 来声明，若声明为 1，表示数组下标从 1 开始。

【答案】 错误

2. 语句 Dim a As Variant 表示变量 a 可以是系统中任意类型的数据。   （   ）

【解析】 Variant 数据类型表示未明确声明为某一具体类型，它是一个特殊数据类型，它包含除固定长度 String 数据以外的任何类型的数据，还可以包含特殊值 Empty、Error、Nothing 和 Null。

【答案】 错误

3．一维数组的下标可以是正整数、0、负整数和小数。   ( )

【解析】 数组的下标可以用常数、数值变量、算术表达式甚至下标变量来表示，通常下标值为整数，如果为小数将对下标值自动取整。

【答案】 正确

三、填空题

1．定义一个包含 5 个整数类型的一维数组 a 的语句：Dim a_____As Integer。

【解析】 数组的下标默认是 0。数组的下标可以通过 Option Base 0 或 1 来声明，若声明为 1，表示数组的下标从 1 开始。

【答案】 4

2．在 Visual Basic 程序中，定义一个包含 10 个元素的字符串类型一维数组 b，每个元素最多存储 4 个字符：Dim b（1 to 10）As_____。

【解析】 该语句表示声明了一个数组名为 b 的定长数组，数据类型为字符串类型，包含了 10 个元素，数组的下标范围为 1～10，每个元素最多存放 4 个字符。

【答案】 String*4

3．使用 Rnd（ ）函数随机产生一个三位的正整数，随机数公式为：_____。

【解析】 Rnd（ ）函数会生成 0~1 的任意数值。Int(Rnd*900) 可以产生 0~900 的随机数。

【答案】 100+int（Rnd*900）

四、操作题

1．编写一个程序，用随机函数 Rnd（ ）产生 10 个三位的奇数正整数，求和后在窗口文本框中输出。

【解析】

STEP 1： 根据题意，编写代码如下。

```
Dim s(1 to 10) As Integer
Const N = 10
Private Sub Command1_Click()
    i = 1
    Do While i <= N
        m = 100 + Int(Rnd * 900)
        If m / 2 <> m \ 2 Then
            s(i) = m
            i = i + 1
        End If
    Loop
```

```
        Label2.Caption = Str（s（1））
        For i = 2 to N
            Label2.Caption = Label2.Caption + " " + Str（s（i））
         Next i
    End Sub
    Private Sub Command2_Click（）
        Sum = 0
        For i = 1 to N
            Sum = Sum + s（i）
        Next i
        Text1.Text = Sum
    End Sub
    Private Sub Command3_Click（）
        End
    End Sub
```

STEP 2: 结果示例如图 10-1-1 所示。

图 10-1-1　结果示例

2. 任意输入一组数据，通过插入排序算法将数据从大到小顺序排列。

【解析】

STEP 1: 理解插入排序算法

插入排序（Insertion-Sort）算法是一种简单直观的排序算法。它的工作原理是构建有序序列，对于未排序数据，在已排序序列中从后向前扫描，找到相应位置并插入。

一般来说，插入排序采用 in-place 操作在数组上实现。具体算法描述如下。

（1）从第一个元素开始，该元素可以认为已经被排序。

（2）取出下一个元素，在已经排序的元素序列中从后向前扫描。

（3）如果该元素（已排序）大于新元素，将该元素移到下一位置。

（4）重复步骤（3），直到找到已排序的元素小于或者等于新元素的位置。

（5）将新元素插入该位置。

（6）重复步骤（2）~（5）。

STEP 2: 设计插入排序算法流程图,如图 10-1-2 所示。

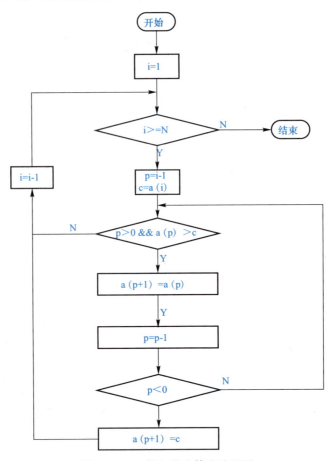

图 10-1-2 插入排序算法流程图

STEP 3: 设计插入排序算法代码。

    Dim a()As Integer

    Dim N As Integer

    Private Sub Command1_Click()

        i = -1

        Do

            i = i + 1

            ReDim Preserve a(i)As Integer

            a(i)= Int(InputBox("注意:输入 0 时,结束输入 "," 输入一个整数 "))

            If i = 0 And a(i)<> 0 Then

                Label2.Caption = Str(a(i))

            Else

                If(a(i)<> 0)Then

```
                Label2.Caption = Label2.Caption + " " + Str(a(i))
            End If
        End If
    Loop Until a(i) = 0
    N = i − 1
    ReDim Preserve a(N) As Integer
End Sub
Private Sub Command2_Click()
    For i = 1 to N
        p = i − 1
        c = a(i)
        Do While(p >= 0 And a(p) > c)
            a(p + 1) = a(p)
            p = p − 1
            If p < 0 Then
                Exit Do
            End If
        Loop
        a(p + 1) = c
    Next i
    Label4.Caption = Str(a(0))
    For i = 1 to N
        Label4.Caption = Label4.Caption + " " + Str(a(i))
    Next i
End Sub
Private Sub Command3_Click()
    End
End Sub
```

STEP 4: 插入排序示意如图 10-1-3 所示。

图 10-1-3　插入排序示意

10.2 二维数组

知识测评

一、选择题

1. 在 VisualBasic 程序设计中，假设程序中有如下数组定义和过程调用语句。
Dim a(10) As Integer
Call p(a)
下列过程定义中，正确的是（ ）。
    A. Private Sub p(a As Integer)
    B. Private Sub p(a() As Integer)
    C. Private Sub p(a(10) As Integer)
    D. Private Sub p(a(n) As Integer)

【解析】 过程调用数组的定义格式为 sub p(s() as 类型)，启用了动态数组数组结构，因此数据类型需要一致。

【答案】 B

2. 在 Visual Basic 程序设计中，对语句 Dim a(-1 to 4, 3) As Integer 的定义描述正确的是（ ）。
    A. a 数组有 18 个数组元素
    B. a 数组有 20 个数组元素
    C. a 数组有 24 个数组元素
    D. 语法有错

【解析】 默认下标是 0，-1 to 4 表示第一维标识为 6 个，0 to 3 表示第二维标识为 4 个，合计二维数组元素个数为 24。

【答案】 C

3. 在 Visual Basic 程序设计中，语句 Dim b(1, 2 to 4) As String 所定义的数组第二维度上标为（ ）。
    A. 3
    B. 2
    C. 1
    D. 4

【解析】 二维数组声明格式为：Dim 数组名（下标 1 to 上标 1，下标 2 to 上标 2）As 类型。

【答案】 D

4. 在 Visual Basic 程序设计中，设有如下声明语句。

```
Option Base 1
Dim arr(2,-1 to 5)As Integer
```

数组 arr 中元素的个数是（　　）。

A. 10　　　　　　　　　　B. 12

C. 14　　　　　　　　　　D. 21

【解析】　Option Base 1 表示默认下标起始为 1，若强制设置为 –1，则起始为 –1，递增幅度仍然为 1。

【答案】　C

5. 在 Visual Basic 程序设计中，有下列程序代码。

```
Option Base 1
Private Sub Form_Click()
    Dim a(4, 4)
    For i = 1 to 4
        For j = 1 to 4
            a(i, j) = 2 * i + j
        Next j
    Next i
    Print a(2, 3); a(4, 3)
End Sub
```

运行程序，单击窗体后输出的结果是（　　）。

A. 7　　11　　　　　　　　B. 4　　11

C. 7　　8　　　　　　　　 D. 4　　8

【解析】　根据代码内容可知，a(2, 3) 的值为 2×2+3=7，a(4, 3) 的值为 2×4+3=11。

【答案】　A

二、判断题

1. 在定义 Visual Basic 二维数组时，对于数组的每一维均可以设定下标和上标，中间用 to 连接。　　　　　　　　　　　　　　　　　　　　　　　　　　　　（　　）

【解析】　二维数组声明格式为：Dim 数组名（下标 1to 上标 1，下标 2 to 上标 2）As 类型。

【答案】　正确

2. 在 Visual Basic 程序设计中，语句 Dim a(-3 To -5, 3) 声明了一个整型二维数组 a。

（　　）

【解析】在 Visual Basic 程序设计中，声明数组没有指定类型，默认是 Variant 类型。

【答案】 错误

3. 在 Visual Basic 程序设计中，Array（）函数可以对整型数组进行赋值。　　　　（　　）

【解析】 在 Visual Basic 程序设计中，Array（）函数用于创建数组，表示返回一个类型为 Variant 的数组。

【答案】 错误

三、填空题

1. 在 Visual Basic 程序设计中，有如下代码。

```
Option Base 1
Private Sub Form_Click（ ）
    Dim a（3，3）As Integer
    For i = 1 to 3
        For j = 1 to 3
            a（i，j）=_____
            Print a（i，j）;
        Next j
    Print
    Next i
End Sub
```

运行上面的程序，单击窗体，输出结果如下。

1　　4　　7
2　　5　　8
3　　6　　9

在横线处填入正确的内容。

【解析】 根据执行结果，可以推算出代码为 i+（j-1）*3。

【答案】 **i+（j-1）*3**

2. 在 Visual Basic 程序设计中，数组声明为_____，数组元素可以是不同类型的值。

【解析】 在 Visual Basic 程序设计中，数组声明为 Variant，数组元素可以是不同类型的值。

【答案】 **Variant**

3. 在 Visual Basic 程序设计中，数组声明如下。

Dim a（3，115）As Integer
UBound（a，2）返回的值是_____。

【解析】 在 Visual Basic 程序设计中，函数 UBound（a，2）返回的是二维数组 a 第 2

维的上标值。

【答案】 115

四、操作题

编写代码把 1~100 的随机数赋给方阵数组，然后编写代码实现方阵转置，比较转置前后的数组元素值。

【解析】

STEP 1： 编写代码。

```
Private Sub Form_Click()
    Dim d(5, 5) As Integer
    Dim i As Integer
    Dim j As Integer
    Dim T As Integer
    '给数组赋值
    For i = 1 to 5
        For j = 1 to 5
            d(i, j) = Rnd * 100
        Next j
    Next i
    '输出方阵
Print Space(5), "转置前方阵"
For i = 1 to 5
Print Space(5),
    For j = 1 to 5
        Print d(i, j),
    Next j
Print
Next i
'转置
For i = 1 to 5
    For j = 1 to 5
        If i < j Then
            T = d(i, j)
            d(i, j) = d(j, i)
            d(j, i) = T
```

```
            End If
        Next j
        Print
    Next i
    Print
    '输出转置方阵
    Print Space(5), "转置后方阵"
    For i = 1 to 5
    Print Space(5),
        For j = 1 to 5
            Print d(i, j),
        Next j
        Print
    Next i
End Sub
```

STEP 2: 方阵转置结果示意如图 10-2-1 所示。

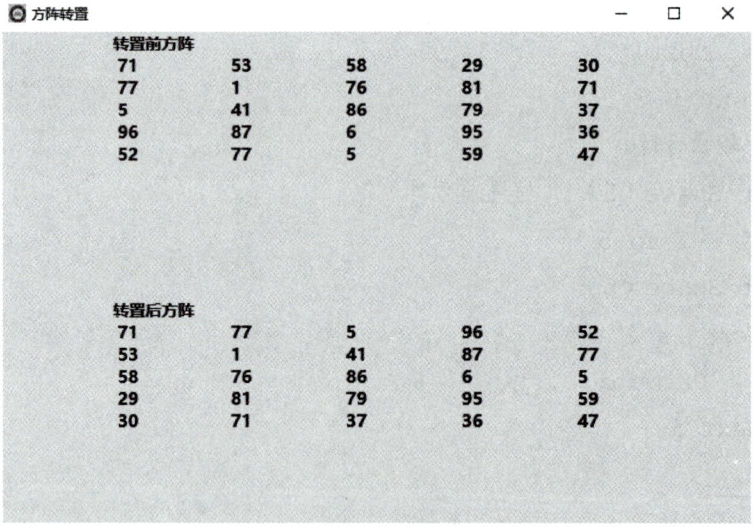

```
方阵转置                              —  □  ×
转置前方阵
71      53      58      29      30
77      1       76      81      71
5       41      86      79      37
96      87      6       95      36
52      77      5       59      47



转置后方阵
71      77      5       96      52
53      1       41      87      77
58      76      86      6       5
29      81      79      95      59
30      71      37      36      47
```

图 10-2-1　方阵转置结果示意

10.3 控件数组

知识测评

一、选择题

1. 在 Visual Basic 程序设计中，以下关于控件数组的叙述中正确的是（　　）。
   A. 数组元素不同，可以响应的事件也不同
   B. 数组中可包含不同类型的控件
   C. 数组中各个控件具有相同的 Index 属性值
   D. 数组中各个控件具有相同的名称

【解析】 控件数组是由一组具有相同名称和相同类型的控件组成的，控件数组中的每一个控件共享同样的事件。其优点是：运用控件数组可以在程序运行时创建一个控件的多个实例，并能很好地控制在程序运行时到底显示多少个对象，利用 For...Next 循环结构可以简单地为控件数组的各个元素设置相同的属性。

【答案】 D

2. 在 Visual Basic 程序设计中，对于控件按钮数组 Command1，以下说法中错误的是（　　）。
   A. 数组中每个命令按钮的名称（Name 属性）均为 Command1
   B. 数组中每个命令按钮的 Index 属性值都相同
   C. 数组中各个命令按钮使用同一个 Click 事件过程
   D. 若未做修改，数组中每个命令按钮的大小都一样

【解析】 在 Visual Basic 程序设计中，Index 属性指的是控件数组中控件的标识号，也就是识别控件数组中的个别控件。

【答案】 B

3. 在 Visual Basic 程序设计中，窗体上有名称为 Text1、Text2 的 2 个文本框，有一个由 3 个单选按钮构成的控件数组 Option1。程序运行后，如果单击某个单选按钮，则执行 Text1 中的数值与该单选按钮所对应的运算（乘以 1、10 或 100），并将结果显示在 Text2 中。为了实现上述功能，在横线处完善程序设计。

```
Private Sub Option1_Click(Index As Integer)
    If Text1.Text <> " "Then
        Select Case_____
            Case 0
```

```
            Text2.Text=Val(Text1.Text)
        Case 1
            Text2.Text=Val(Text1.Text)*10
        Case 2
            Text2.Text=Val(Text1.Text)*100
      End Select
   End If
End Sub
```

  A. Index   B. Option1.Index
  C. Option1（Index）   D. Option1（IndValue）

【解析】 对于一个控件数组，其事件中的 Index 参数表示触发事件的控件数组元素的下标。本题中，要根据不同的控件数组元素进行不同的计算，判断该事件是由控件数组中的哪个元素触发的，即判断 Index 参数。

【答案】 A

二、判断题

1. 在 Visual Basic 程序设计中，同一控件数组元素具有相同的名称，其通过不同的索引进行区分。（ ）

【解析】 见选择题第 1 题解析。

【答案】 正确

2. 在 Visual Basic 程序设计中，控件数组与一般数组一样可以定义多维数组。（ ）

【解析】 将控件数组存储在数组中，即控件数组组成了一个数组，并且该数组只有一个维度。

【答案】 错误

3. 在 Visual Basic 程序设计中，使用控件数组比直接使用多个同类型控件所消耗的资源更少。（ ）

【解析】 控件数组是一组具有相同名称和类型的控件。它们的事件过程也相同。同一控件数组中的元素有自己的属性设置值。常见的控件数组的用途包括实现菜单控件和选项按钮分组。在设计时，使用控件数组添加控件所消耗的资源比直接向窗体添加多个相同类型的控件所消耗的资源少。当希望若干控件共享代码时，控件数组也很有用。

【答案】 正确

三、填空题

1. 在 Visual Basic 程序设计中，要获取控件数组元素个数，可以通过控件数组的_____属性来获取。

【解析】 在 Visual Basic 程序设计中，Index 属性指的是控件数组中控件的标识号，也就是识别控件数组中的个别控件。

【答案】 Index

2．在 Visual Basic 程序设计中，通过控件数组的_____属性可以获取控件数组元素的下标与上标。

【解析】 可以通过 UBound&LBound 属性获取控件数组元素的上标与下标。

【答案】 UBound&LBound

3．在 Visual Basic 程序设计中，动态添加控件数组元素使用 Load 语句，动态删除控件数组元素使用_____语句。

【解析】 删除控件主要有3种方法：一是使用 controls.add 创建的，使用 controls.remove 删除；二是使用控件数组的 load 方法加载的，则使用 unload 删除；三是手动在"窗体"上删除。

【答案】 unload

四、操作题

1．设计一个修改字体的测试程序。要求选中任意一个单选按钮所描述的字体时，标签中的文本字体按选中的字体格式进行调整。

【解析】

STEP 1： 依据题意，明确处理步骤。

（1）设计窗体界面，在窗体中添加单选按钮控件数组和标签。

（2）编写窗体的加载事件代码，在窗体加载时设置显示字体的大小和标签文字。

（3）设置单选按钮的单击事件，使用选择分支语句或条件判断语句实现字体格式变化。

STEP 2： 依据题意设计视图界面，如图 10-3-1 所示。

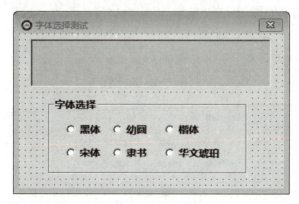

图 10-3-1　视图界面

STEP 3： 完成代码设计。

```
Private Sub Form_Load()
    Label1.FontSize = 16
    Label1.Caption = vbCrLf & "  绿水青山就是金山银山！"
    Option1(0).Value = True
End Sub
Private Sub Option1_Click(Index As Integer)
    Select Case Index
        Case 0
            Label1.FontName = "黑体"
        Case 1
            Label1.FontName = "幼圆"
        Case 2
            Label1.FontName = "楷体"
        Case 3
            Label1.FontName = "宋体"
        Case 4
            Label1.FontName = "隶书"
        Case 5
            Label1.FontName = "华文琥珀"
    End Select
    For i = 0 to 5
        If Index <> i Then Option1(i).Value = False
    Next i
End Sub
```

STEP 4: 运行结果如图 10-3-2 所示。

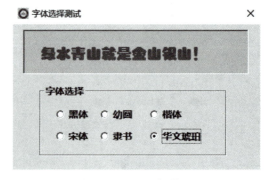

图 10-3-2　运行结果

2. 在窗体上绘制一个奥运五环，分别实现"五环相连""彩色五环""运动五环"和

"停止移动"4项功能。

【解析】

STEP 1: 理解题意。

奥运五环由5个圆环从左到右互相套接组成,上方是蓝色、黑色、红色3环,下方是黄色、绿色2环,象征五大洲和全世界的运动员在奥运会上相聚一堂,同时强调所有参赛运动员应以公正、坦诚的运动精神在比赛场上竞技。题目要求的功能可以分为以下3个步骤实现。

(1)在窗体上建立Command1命令按键控件数组、Shape1图形控件数组和一个定时器。

(2)编写命令按钮单击事件,实现"五环相连""彩色五环""运动五环"和"停止移动"的功能。

(3)编写Timer1控件的Timer事件,定义图形Shape1的移动。

STEP 2: 设置窗体结构,如图10-3-3所示。

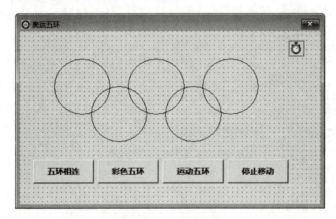

图10-3-3　窗体结构

STEP 3: 编写功能代码。

```
Private Sub Form_Load()
    Timer1.Enabled = False
    Timer1.Interval = 200
    For i = 0 to 4
        Shape1(i).BorderWidth = 3
    Next i
End Sub
Private Sub Timer1_Timer()    '运动五环
    x = 50
    For i = 0 to 4
```

```
            Shape1(i).Move Shape1(i).Left + x
        Next i
    End Sub
    Private Sub Command1_Click(Index As Integer)
        Dim L(), T()   As Variant
        L = Array(750, 2700, 4650, 1750, 3650)
        T = Array(700, 700, 700, 1400, 1400)
        Select Case Index
            Case 0   '五环相连
                For i = 0 to 4
                    Shape1(i).Left = L(i): Shape1(i).Top = T(i)
                Next i
            Case 1   '彩色五环
                Shape1(0).BorderColor = RGB(0, 129, 200)    '蓝
                Shape1(1).BorderColor = RGB(0, 0, 0)        '黑
                Shape1(2).BorderColor = RGB(238, 51, 78)    '红
                Shape1(3).BorderColor = RGB(252, 177, 49)   '黄
                Shape1(4).BorderColor = RGB(0, 166, 81)     '绿
            Case 2   '开启运动五环
                Timer1.Enabled = True
            Case 3   '停止
                Timer1.Enabled = False
        End Select
    End Sub
```

STEP 4: 运行结果如图 10-3-4 所示。

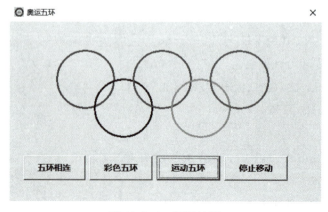

图 10-3-4 运行结果

单元 10 Visual Basic 数组

 10.4 单元测试

一、选择题

1. 如果要在语句 a=Array（1，2，3，4，5）的前面声明变量，则正确的声明是（ ）。

A．Dim a（4）As Integer　　　　B．Dim a（5）As Variant

C．Dim a（1 to 5）As Integer　　D．Dim a As Variant

【解析】 数组赋值有两种方式。一种方式是给数组元素赋值，这种方式与给普通变量赋值一样；另一种方式是通过函数 Array（）进行赋值，需要在赋值之前声明为 Variant 类型，若未声明则默认是 Variant 类型。

【答案】 D

2. 在 Visual Basic 程序设计中，以下叙述中错误的是（ ）。

A．用 ReDim 语句可以改变数组的维数

B．用 ReDim 语句可以改变数组的类型

C．用 ReDim 语句可以改变数组每一维的大小

D．用 ReDim 语句可以对数组中的所有元素置 0 或空字符串

【解析】 ReDim 语句不能改变数组的类型。

【答案】 B

3. 在 VisualBasic 程序设计中，以下关于数组的叙述中错误的是（ ）。

A．Variant 类型的数组中各元素的类型可以不同

B．各数组元素可以是不同类型的控件

C．各数组元素通过下标进行区别

D．各数组元素具有相同的名称

【解析】 控件数组由相同类型的控件组成。

【答案】 B

4. 有如下一段 Visual Basic 程序。

```
Private Sub Command1_Click()
    Static a As Variant
    a=Array("one", "two", "three", "four", "five")
    Print a(3)
End Sub
```

针对上述事件过程，以下叙述中正确的是（　　）。

A．变量声明语句有错，应改为 Static a（5）As Variant

B．变量声明语句有错，应改为 Static a

C．可以正常运行，在窗体上显示 three

D．可以正常运行，在窗体上显示 four

【解析】　该程序应用动态数组，默认起始下标为 0。

【答案】　D

二、填空题

1．在 Visual Basic 中执行如下代码。

```
Option Base 1
' 程序运行时，单击命令按钮 Command1，输入 2355270224,
Private Sub Command1_Click ( )
    Dim a (10) As Integer, x, b
    x = InputBox ("请输入一个多砣整数")
    Print b

    For k = 1 to Len (x)
        b = Mid (x, k, 1)
        a (Val (b) + 1) = a (Val (b) + 1) + 1
    Next k
    s = " "
    For k = 1 to 10
      s = s & a (k)
    Next k
    Print s
End Sub
```

输出结果是_____。

【解析】　可以看出输入数值决定了数组位数叠加次数。

【答案】　1041120100

2．在 Visual Basic 程序设计中，二维数组声明语句如下。

```
Option Base 1
dim a (-3 to 2, 5) as integer,
```

数组 a 有_____个元素。

【解析】　该数组是二维数组。在第 1 维，-3~2 有 6 行，在第 2 维，1~5 有 5 列，因此元素个数是 5×6。

【答案】 30

3. 在 Visual Basic 中执行下列代码。

```
Static a As Variant
a = Array("一","二","三","四","五")
Print a(3)
```

输出结果为_____。

【解析】 该动态数组有 5 个元素，数组起始下标为 0。

【答案】 四

三、判断题

1. 公司新来的程序员使用 Visual Basic 定义了一个数组：Dim s（1 to -5）As Integer。该定义是正确的。　　　　　　　　　　　　　　　　　　　　　　　　　　　（　）

【解析】 声明数组时，上标必须大于等于下标，例如 Dim A（-1 to -5）As Integer。题目中的定义是错误的。

【答案】 错误

2. 在 Visual Basic 程序设计中，方阵其实就是特殊的矩阵，当矩阵的行数与列数相等时称为方阵。　　　　　　　　　　　　　　　　　　　　　　　　　　　　　　（　）

【解析】 方阵就是行数与列数相等的矩阵。

【答案】 正确

3. 要清除数组的内容或对数组重新定义，可以用_____语句来实现。

【解析】 在一个程序中，同一数组只能用 Dim 语句定义一次。但有时可能需要清除数组的内容或对数组重新定义，这时可以用 Erase 语句来实现。

（1）格式：Erase（数组名）[,（数组名）]。

（2）功能：重新初始化静态数组的元素，或者释放动态数组的存储空间。

【答案】 Erase

四、操作题

1. 任意输入一组数据，通过选择排序算法实现从小到大的顺序排列。

【解析】

STEP 1: 选择排序算法解释。

选择排序（selection-sort）是一种简单直观的排序算法。它的工作原理如下。首先在未排序序列中找到最小（大）元素，存放到排序序列的起始位置，然后从剩余未排序元素中继续寻找最小（大）元素，放到已排序序列的末尾。依此类推，直到所有元素均排序完毕。

n个记录可经过n-1轮直接选择排序得到有序结果。具体算法描述如下。

（1）初始状态：无序区域为R[1…n]，有序区域为空；

（2）第i轮排序（i=1，2，3，…，n-1）开始时，当前有序区域和无序区域分别为R[1…i-1]和R（i…n）。该轮排序从当前无序区域中选出关键字最小的记录R[k]，将它与无序区域的第1个记录R交换，使R[1…i]和R[i+1…n]分别变为记录个数增加1个的新有序区域和记录个数减少1个的新无序区域。

（3）n-1轮排序结束，数组变得有序化。

STEP 2: 示例如下。

序列为8，6，9，3，2，7。

第1轮排序后：2，6，9，3，8，7；

第2轮排序后：2，3，9，6，8，7；

第3轮排序后：2，3，6，9，8，7；

第4轮排序后：2，3，6，7，8，9；

第5轮不排序：2，3，6，7，8，9。

STEP 3: 示范程序代码如下。

```
Option Base 1
Private Sub xzPaiXu(a( ) As Double, sheng As Boolean)
'a为需要排序的数组，若sheng为True则为升序排列，若sheng为False则为降序排列。
    Dim i As Integer, j As Integer
    Dim temp As Double
    Dim m As Integer
    For i = LBound(a) to UBound(a) - 1 '进行数组大小-1轮比较
        m = i '在第i轮比较时，假定第
        'i个元素为最值元素
        For j = i + 1 to UBound(a) '在剩下的元素中找出最
            '值元素的下标并记录在m中
            If sheng Then '若为升序，则m记录最小元素
            '下标，否则记录最大元素下标
                If a(j) < a(m) Then m = j
            Else
                If a(j) > a(m) Then m = j
            End If
        Next j '将最值元素与第i个元素交换
        temp = a(i)
```

```
            a(i) = a(m)
            a(m) = temp
        Next i
End Sub


Private Sub Command1_Click()
    Dim b(8) As Double
    b(1) = 8
    b(2) = 6
    b(3) = 9
    b(4) = 3
    b(5) = 2
    b(6) = 7
    b(7) = 11
    b(8) = 23

    Call xzPaiXu(b, True)
    For i% = 1 To 8
        Print b(i),
    Next
End Sub
```

2. 编写程序实现随机生成两个 3×4 的两位正整数矩阵后求和。

【解析】

STEP 1: 配置信息。

```
Option Base 1
Dim a1(3, 4), a2(3, 4), s(3, 4) As Integer
Dim i, j As Integer
Const N = 3
'随机生成 2 位正整数数组
Private Function f() As Integer
    x = Rnd * 100
    Do While x < 10
        x = Rnd * 100
    Loop
    f = x
```

```
End Function
```
'生成随机 2 位正整数二维数组 a1、a2
```
Private Sub Command1_Click ( )
    Dim s1, s2 As String

    For i = 1 to 3
        s1 = s1 & Space (N) & Chr (13) & Chr (10)
        s2 = s2 & Space (N) & Chr (13) & Chr (10)
        For j = 1 to 4
            a1 (i, j) = f ( )
            s1 = s1 & Format (a1 (i, j), "@@@@@")
            a2 (i, j) = f ( )
            s2 = s2 & Format (a2 (i, j), "@@@@@")
        Next j
    Next i
    Label2.Caption = s1
    Label5.Caption = s2
    Command2.Enabled = True
End Sub
```
'矩阵求和
```
Private Sub Command2_Click (   )
    Dim s3 As String

    For i = 1 to 3
        s3 = s3 & Space (N) & Chr (13) & Chr (10)
        For j = 1 to 4
            s (i, j) = a1 (i, j) + a2 (i, j)
            s3 = s3 & Format (s (i, j), "@@@@@")
        Next j
    Next i
    Label7.Caption = s3

End Sub
```
'退出系统
```
Private Sub Command3_Click (   )
```

End

End Sub

STEP 2: 矩阵求和结果示意如图 10-4-1 所示。

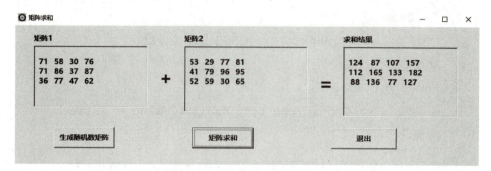

图 10-4-1　矩阵求和结果示意

3. 建立一个在框架内包含 3 个元素的单选按钮控件数组，单选按钮标题分别为红色、绿色和蓝色，单击单选按钮，可将标签控件的背景色改为红色、绿色或蓝色。结构示意如图 10-4-2 所示。

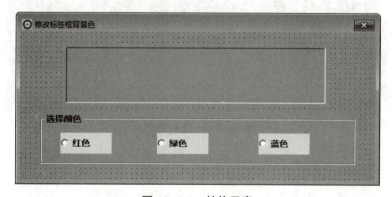

图 10-4-2　结构示意

【解析】

STEP 1: 根据题意，编写代码如下。

```
Private Sub Form_Load()
    Label1.BackColor = RGB(192, 192, 192)
    Option1(0).BackColor = RGB(192, 192, 192)
    Option1(1).BackColor = RGB(192, 192, 192)
    Option1(2).BackColor = RGB(192, 192, 192)
End Sub
Private Sub Option1_Click(Index As Integer)
    Select Case Index
        Case 0
```

```
            Label1.BackColor = RGB(256, 0, 0)
        Case 1
            Label1.BackColor = RGB(0, 256, 0)
        Case 2
            Label1.BackColor = RGB(0, 0, 256)
    End Select
    For i = 0 to 2
        If i <> Index Then Option1(i).Value = False
    Next i
End Sub
```

STEP 2: 运行效果如图 10-4-3 所示。

图 10-4-3　运行效果

参 考 文 献

[1] 段标，陈华. 计算机网络基础［M］. 6版. 北京：电子工业出版社，2021.

[2] 谢希仁. 计算机网络［M］. 7版. 北京：电子工业出版社，2021.

[3] 连丹. 信息技术导论［M］. 北京：清华大学出版社，2021.

[4] 刘丽双，叶文涛. 计算机网络技术复习指导［M］. 江苏：江苏大学出版社，2020.

[5] 宋一兵. 计算机网络基础与应用［M］. 3版. 北京：人民邮电出版社，2019.

[6] 陈国升. 计算机网络技术单元过关测验与综合模拟［M］. 北京：电子工业出版社，2019.

[7] 戴有炜. Windows Server 2016 网络管理与架站［M］. 北京：清华大学出版社，2018.

[8] 王协瑞. 计算机网络技术［M］. 4版. 北京：高等教育出版社，2018.

[9] 周舸. 计算机网络技术基础［M］. 5版. 北京：人民邮电出版社，2018.

[10] 张中荃. 接入网技术［M］. 北京：人民邮电出版社，2017.

[11] 吴功宜. 计算机网络［M］. 4版. 北京：人民邮电出版社，2017.

[12] 刘佩贤，张玉英. 计算机网络［M］. 北京：人民邮电出版社，2015.